烹饪教程真人秀

下厨必备的
家常小炒分步图解

甘智荣 主编

吉林科学技术出版社

图书在版编目（ＣＩＰ）数据

下厨必备的家常小炒分步图解 / 甘智荣主编．-- 长春：吉林科学技术出版社，2015.7
（烹饪教程真人秀）
ISBN 978-7-5384-9531-7

Ⅰ．①下… Ⅱ．①甘… Ⅲ．①家常菜肴－炒菜－菜谱
Ⅳ．① TS972.12

中国版本图书馆 CIP 数据核字（2015）第 165842 号

下厨必备的家常小炒分步图解

Xiachu Bibei De Jiachang Xiaochao Fenbu Tujie

主　　编　甘智荣
出 版 人　李　梁
责任编辑　李红梅
策划编辑　黄　佳
封面设计　郑欣媚
版式设计　谢丹丹
开　　本　723mm×1020mm　1/16
字　　数　220千字
印　　张　16
印　　数　10000册
版　　次　2015年9月第1版
印　　次　2015年9月第1次印刷

出　　版　吉林科学技术出版社
发　　行　吉林科学技术出版社
地　　址　长春市人民大街4646号
邮　　编　130021
发行部电话/传真　0431-85635177　85651759　85651628
　　　　　　　　　　85677817　85600611　85670016
储运部电话　0431-84612872
编辑部电话　0431-86037576
网　　址　www.jlstp.net
印　　刷　深圳市雅佳图印刷有限公司

书　　号　ISBN 978-7-5384-9531-7
定　　价　29.80元

目录
CONTENTS

PART 3　肉蛋小炒

PART 4 水产小炒

PART 5 特色小炒

PART 1

小炒常识

　　酥香菠菜、糖醋藕片、肉末炒豌豆……这些小炒是不是听起来就特别诱人？小炒即是用大火快速将食材炒熟的加工方法，其加工时间短，火力十足，既能保留食材的脆嫩，又能在高温的烹饪之下散发出诱人的香味。对于工作繁忙的上班一族，每天的空闲时间可能会比较少，花大量时间去炖一碗浓汤或自己蒸出一盘香喷喷的包子那简直是一种奢望。所以，快、简、香的小炒就是不二之选了。那么，关于小炒的基本知识你又知道多少呢？下面让我们一起共同学习吧！

小炒食材选取原则

　　对于小炒来说，食材的选取尤其重要。只有选购新鲜、优质的食材，才能做出美味健康的小炒菜。下面，就介绍一下怎样选取各种食材。

　　白菜：白菜宜选购新鲜、嫩绿、较紧密和结实的。

　　油菜：应选购颜色鲜绿、洁净、无黄烂叶、新鲜、无病虫害的油菜。

　　菠菜：菠菜以色泽浓绿，根为红色，茎叶不老，没有抽苔开花现象，不带黄烂叶者为佳。

　　空心菜：要选择叶片翠绿完整、叶梗质地脆嫩、茎秆翠绿、不过长或过粗的，这样的空心菜味道比较鲜甜。

　　油麦菜：菜色青绿、茎部带白、叶大而短身的油麦菜比较好吃。

　　菜花：菜花以鲜脆、花朵结实紧密、无虫咬、颜色亮丽者为佳。

　　生菜：挑选球生菜时，要选大小适中的；买散叶生菜时，要大小适中、叶片肥厚适中。另外看根部，如中间有突起的苔，说明生菜老了。叶绿、叶质鲜嫩、梗白且无蔫叶的生菜较好。另外，选购生菜应挑身轻的，这样的生菜才够嫩；如果沉重而结实，则是生长期过长，这样的生菜质粗糙，吃起来还有苦味。

　　芹菜：以大小整齐，不带老梗、黄叶和泥土，叶柄无锈斑，虫伤、色泽鲜绿或洁白，叶柄充实肥嫩者为佳。挑选时掐一下芹菜的杆部，易折断的为嫩芹菜，不易折的为老芹菜。

　　白萝卜：白萝卜应选大小均匀，无病变，无损伤，萝卜皮细腻光滑的。另外，用手指弹其中段，声音沉重的不糠心。

　　胡萝卜：质量好的胡萝卜色泽鲜艳，匀称直顺，掐上去水分多。

　　土豆：土豆以体大，形正并整齐均匀的为佳。皮面光滑而不过厚，芽眼较浅而便于削皮；肉质细密、味道纯正；炒吃时脆，油炸的片条不碎断。

　　黄瓜：黄瓜应选带刺、挂白霜的，这样的比较新鲜。另外，应选粗细均匀的，太粗的容易有子，太细的一般没有熟，味道不好且容易有苦味。

　　冬瓜：除早采的嫩瓜要求鲜嫩以外，一般晚采的老冬瓜则要求发育充分、老熟，肉质结实、肉厚、心室小；皮色青绿，带白霜，形状端正，表皮无斑点和外伤。

苦瓜：苦瓜身上一粒一粒的果瘤，是判断苦瓜好坏的特征。颗粒愈大愈饱满，表示瓜肉愈厚；颗粒愈小，瓜肉相对较薄。选苦瓜除了要挑果瘤大、果行直立的，还要洁白漂亮，因为如果苦瓜出现黄化，就代表已经过熟，果肉柔软不够脆，失去苦瓜应有的口感。

西红柿：西红柿一定要选自然成熟的。自然成熟的西红柿外观圆滑，捏起来比较软，籽粒为土黄色，肉红、沙瓤、多汁；如果是催熟的西红柿，则看起来通体全红，手感也会很硬，外观呈多面体，籽呈绿色或未长籽，瓤内没有汁水。

茄子：嫩茄子颜色发黑，皮薄肉松，重量轻，子嫩味甜，子肉不易分离，花萼下部有一片绿白色的皮；老茄子颜色光亮，重量大，皮厚，不宜购买。

洋葱：以葱头肥大，外皮光泽，不烂，无机械伤和泥土，鲜葱头不带叶；经贮藏后，不松软，不抽苔，鳞片紧密，含水量少，辛辣和甜味浓的洋葱质量最好。

韭菜：根部粗壮，截口较平整，韭菜叶直，颜色鲜嫩翠绿的韭菜营养价值比较高。拿着韭菜根部叶子能够直立，如果叶子松垮下垂，说明不新鲜。

莲藕：以藕身肥大，肉质脆嫩，水分多而甜，带有清香者为佳。同时，藕身应无伤、不烂、不变色、无锈斑、不干缩、不断节。

茭白：质量好的茭白，体型匀称，色泽洁白，质地脆嫩，无灰心；反之，质量较差。

豆角：以豆条粗细均匀、色泽鲜艳、透明有光泽、籽粒饱满的为佳，而有裂口、皮皱的、条过细无子、表皮有虫痕的豆角则不宜购买。

山药：同一品种的山药，须毛越多的越好，因为须毛越多的山药口感越面，含山药多糖越多，营养也更好。山药的横切面肉质应呈雪白色，这说明是新鲜的，若呈黄色似铁锈的切勿购买。表面有异常斑点的山药绝对不能买，因为这可能已经感染过病害。大小相同的山药，较重的更好。

芋头：购买芋头时应挑选个头端正，表皮没有斑点、干枯、收缩、硬化及有霉变腐烂的。同样大小的芋头，两手掂量下，比较轻的那个会粉些；而"太重"的芋头则可能肉质不粉，口感不好。观察芋头底部的横切面透露出的纤维组织，或者看商家切半卖的大个芋头，切面紫红色的点和丝越多越密，纹理越细腻，则说明芋头的口感越粉。

香菇：好的香菇黄褐色，体圆齐整，菌伞肥厚，盖面平滑，质干不碎；菌伞下面的褶皱要紧密细白，菌柄要短而粗壮。

木耳：优质干木耳朵大适度，朵面乌黑无光泽，朵背略呈灰白色。

莴笋：莴笋一般应以粗短条顺，不弯曲，大小整齐；皮薄，质脆，水分充足，笋条不蔫萎，不空心，表面没有锈斑；不带黄叶、烂叶、不老、不抽苔；整修洁净，无泥土者品质最佳。

腐竹：优质腐竹为淡黄色，具有光泽，呈枝条或片叶状，质脆易折，条状折断有空心，闻起来有清香味。

豆腐：豆腐应选择有弹性、颜色不太白、无酸味和无杂质的。

芦笋：芦笋以鲜嫩整条，长12～16厘米，粗1.2～3.8厘米，呈白色，尖端紧密，无空心、无开裂、无泥沙者质佳。

猪肉：新鲜猪肉的表面不发黏，肌肉细密而有弹性，呈红色，用手指压后不留指印，纤维细软，有一股清淡的自然肉香味。

猪肝：新鲜的猪肝，颜色呈褐色或紫色，有光泽，其表面或切面没有水泡。如果猪肝的颜色暗淡，没有光泽，其表面起皱、萎缩，闻起来有异味，则是不新鲜的。

猪腰：新鲜的猪腰呈浅红色，表面有一层薄膜，有光泽，柔润且有弹性。不新鲜的猪腰带有青色，质地松软，并有异味。

牛肉：新鲜的牛肉富有光泽，红色均匀，稍微发暗，脂肪为洁白或淡黄色，外表微干或有风干膜，不粘手，弹性好，有鲜肉味。老牛肉色深红，质粗；嫩牛肉色浅红，质坚而细，富有弹性。

羊肉：新鲜的羊肉有光泽，肉细而紧密，有弹性，外表略干，不黏手，气味新鲜，无其他异味。

鸡肉：新鲜的鸡肉肉质紧密，颜色呈干净的粉红色且有光泽，鸡皮呈米色，并具有光泽和张力。不要挑选肉和皮的表面比较干，或者含水较多、脂肪稀松的鸡肉。

鸭肉：鸭肉应选肉质饱满且光滑平整，按压有弹性的。

鸡蛋：鲜的鸡蛋外表看起来要粗糙无光泽，仔细看还有好多的小细孔，拿起来晃一晃，好像里面没有东西滚来滚去的感觉，就像是实心的一样。

皮蛋：选购皮蛋时，可手执皮蛋在耳边摇动，品质好的没有响声，品质差的则有响声，声音越大品质越差；用灯光透视，若蛋内大部分呈黑色或者深褐色，小部分呈黄色或浅红色为优质松花蛋，若大部分呈黄褐色，则为未成熟皮蛋。

鲤鱼：优质的鲤鱼，眼球突出，角膜透明，鱼鳃色泽鲜红，腮丝清晰，鳞片完整有光泽，不易脱落，鱼肉坚实、有弹性。

鲫鱼：新鲜鲫鱼眼睛略凸，眼球黑白分明，不新鲜的则是眼睛凹陷，眼球浑浊。身体扁平、色泽偏白的，肉质比较鲜嫩。不宜买体型过大，颜色发黑的。

草鱼：购买草鱼，看鱼眼，饱满凸出、角膜透明清亮的是新鲜鱼；眼球不凸出，眼角膜起皱或眼内有瘀血的不新鲜。

鱿鱼：优质鱿鱼体形完整坚实，体表面略现白霜，肉肥厚，半透明，背部不红。劣质鱿鱼体型瘦小残缺，表面白霜过厚，背部呈黑红色或霜红色。

鳝鱼：新鲜的鳝鱼，浑身黏液丰富，黄褐色而发亮，并不停游动。尤其需要注意的是，死鳝鱼不能食用。

泥鳅：口鳃紧闭，鳃片呈鲜红色或红色，鱼皮上有透明黏液，且呈现出光泽，活动能力强的活泥鳅最好。

虾：新鲜的虾色泽正常，体表有光泽，背面为黄色，体两侧和腹面为白色。虾壳与虾肉紧贴。当用手触摸时，感觉硬而有弹性。

螃蟹：宜选老蟹，老蟹黑里透青带光，外表没有杂泥，脚毛又长又挺，体厚坚实，肚皮呈铁斑色，蟹脚坚硬；如肚皮发亮，就是嫩蟹。把蟹身翻倒，肚皮朝天，能敏捷翻转的是好蟹。

蛤蜊：蛤蜊宜选择壳光滑、有光泽的，外形相对扁一点的。一定要买活的，用手触碰外壳，能马上紧闭的，就是新鲜的，活的。不会闭壳，或壳一直打开的，都是死蛤。

墨鱼：品质优良的鲜墨鱼，身上有很多小斑点，并隐约有闪闪的光泽。肉身挺硬、透明。鲜墨鱼身体后端应当略带黄色或红色，像是被火烧焦的样子。按压一下鱼身上的膜，鲜墨鱼的膜紧实、有弹性。还可扯一下鱼头，鲜墨鱼的头与身体连接紧密，不易扯断。

小炒食材洗切技巧

食材买回来之后，首先就要进行洗切处理。下面就为大家介绍一下，各种食材的洗切技巧和注意事项。

◎ 食材的清洗技巧

有人洗菜喜欢先切成块再洗，以为洗得更干净，其实这是不科学的。

蔬菜切碎后与水的直接接触面积增大很多倍，会使蔬菜中的水溶性维生素如维生素B族、维生素C和部分矿物质以及一些能溶于水的糖类会溶解在水里而流失。同时，蔬菜切碎后，还会增大被蔬菜表面细菌污染的机会，留下健康隐患。

因此，蔬果类我们建议先洗后切。由于现在蔬果大多使用农药，所以在清洗前先浸泡5~10分钟，然后进行清洗，洗完后再冲洗一遍。如果习惯使用蔬果清洁剂，请清洗完后一定保证冲洗干净。如果担心蔬菜叶上有蠓虫，可将其放入淡盐水中浸泡3~5分钟，然后用清水漂洗，很容易洗干净。

包菜和莴苣类蔬菜最外层要清除，叶菜类食物建议烹饪前放在开水中焯一下，土豆等根茎类蔬菜要去皮，可以不用去皮的有黄瓜，西红柿等。干香菇洗干净比较困难，可先将香菇放入盆内，用60℃左右的温水浸泡一小时。然后朝一个方向搅转，使香菇伞褶慢慢张开，沙粒会随之徐徐落入盆底。然后轻轻捞出香菇，用清水冲洗，再缓缓挤出水分即可烹调。木耳烹饪前要用冷水涨发，加一点醋在水中，然后轻轻搓洗，很快就能除去沙土。

很多人洗肉的时候喜欢用热水泡上一会儿，觉得这样能起到清洁的作用。但是实际上，用温水或热水洗肉，不但容易变质、腐败，做出来的肉口感也会受影响。最重要的是，会加速肉中蛋白质和B族维生素的流失。所以请记住，肉一定要用冷水清洗。

内脏类食材建议烹饪前余水，去除杂质更彻底。切忌生肉和熟食放在一起。海鲜类最好有专门的洗具，不要用洗过海鲜的东西去盛装熟食。虾类要去头，用针挑的方法清洗脊线，鱼类腮部和内脏一定要去除，贝类吐沙后用流水清洗。

在清理鱼时，应该先剖鱼肚再刮鱼鳞，如果先刮鱼鳞，就会压破苦胆，使鱼肉吃起来很苦，刮鱼鳞时用香蜡先擦一遍，就能轻易去除鱼鳞。鱼身上有黏液，且易沾脏东西，用盐将鱼抹一遍，不仅能去除黏液，还能洗得很干净。如果在剖鱼时把鱼胆弄破，就把少量白酒或苏打粉涂在有胆汁的鱼肉上，让胆汁溶解后再用清水冲洗，就可以去除苦味。或者撒点酒，再用水洗净也可去掉苦味。

◎食材的切制技巧

切块：块有各种形状，如菱形块、长方形块、三角形块、排骨形块、方形块、滚刀块等。常用于肉类以及根茎类植物，如萝卜、山药、土豆、鸡肉、鸭肉、鹅肉等。

切片：常用的有柳叶片、月牙片、菱形片、梳子片等。常用于猪肉、牛肉、胡萝卜、辣椒、洋葱等。如黄瓜切成两半，挖去中间的瓤，横切成片，即为月牙片；梳子片指在片的一边切丝，像梳齿，一边不切断，似梳背。切片时注意厚薄要均匀。

切丝：切丝时一般要先把原料切成片，再加工为丝。一般来说，坚硬或韧性强的原料可切细一些；脆、软的原料易断碎，可切粗些。常用于黄瓜、萝卜、土豆、鸡肉、牛肉等。

 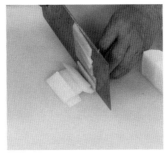 

切条：是在厚片的基础上切出来的，条的长短根据菜的制作需要而定。常用于萝卜、竹笋、土豆等。

切丁：是由厚片改切成条之后切成的，其大小根据烹调方法的需要和原料性质、形状而定。常用于香菇、瘦肉、根茎类食物等。

切段：一般为长条形，大小与长短没有什么限制，可根据烹制菜肴的需要来定。常用于条状食材，如豆角、辣椒等。

切粒：粒是在丝的基础上切成的，比丁小，一般如米粒、绿豆大小。在菜肴中，粒状原料多用作配料。粒也叫米，如红椒米、姜米等。

切末：末比粒更小，通常是切成粒之后再剁碎。有些菜肴调料形状要求微小，必须剁成末。如蒜末、火腿末等。

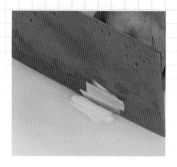 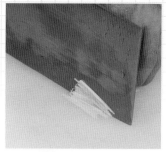 

切蓉：是用剁、研、压等方法，将原料制作成泥膏状。制作方法根据原料而定，如芋泥、莲子泥是蒸、煮熟后，在砧板上用刀面碾压而成；用鱼、虾剁成的蓉成为鱼胶、虾胶；用猪肉、牛肉制作的蓉称为肉蓉；用鸡肉剁成的叫鸡蓉。

 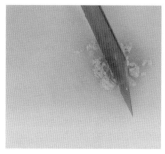 

切花刀块：常见的有麦穗形花刀块、球形花刀块、梳子形花刀块。麦穗形花刀块要求一般是深浅一致，距离相同，整齐匀称。球形花刀块是为使烹制出的菜肴卷曲成球状而使用的刀法，如炒鸡球、炖肫球。梳子形俗称马齿形，炒菜常用的原料是墨斗鱼和猪腰。运刀方法是先将原料片为长方形片状，然后用直刀在一长边密密切下，另一边不能切断，保留0.2～0.3厘米不断，使梳齿相连即可。

 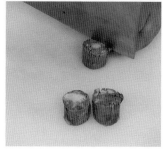 

小炒的常用方法

　　小炒可以大致分为生炒、熟炒、滑炒、软炒、煸炒和爆炒六类，每一种炒法都有自己的特色和技巧。

　　生炒：就是材料不需要上浆或挂糊，直接放入油锅中，用大火迅速翻炒。由于翻炒速度快，加热时间短，为了食材能尽快炒熟，烹饪之前必须将食材切成丝、片或丁状。此种烹饪方法适合蔬菜或肉类等质脆易熟的原料。

　　在生炒肉类食材时，要保持大火冷油，在油面平静、没有冒烟时，就将材料放入，以免结团、糊锅。如果要搭配其他蔬菜，可以先炒肉类，加入调味料后，快速捞出，再另起油锅，倒入蔬菜翻炒，在蔬菜即将炒熟时，将肉类倒入同炒，最后加入盐、鸡粉等调味即可。

　　熟炒：就是将食材用焯煮、汆烫、油炸或蒸等烹饪方式加工至八九分熟后再炒。在炒前处理时，要控制好熟度，在快熟时立刻捞出，以免口感太老。适合猪、牛、羊、鸡等肉类的炒制。

　　熟炒要用中火加热油锅，在油锅冒起青烟，油从四周向中央波动时，加入葱、姜、蒜末等爆香，再将肉类等主料加入，炒至肉类出油时，加入酱料，继续翻炒，使原料入味。最后，再加入料酒、葱段、糖等调料，翻炒几下即可。如果原料量较多时，可以使用大火加工。

　　滑炒：滑炒就是讲食材经过上浆、滑油处理，再用大火迅速翻炒，最后加入芡汁。滑炒的最大特色就是滑嫩柔软，适合用于鸡胸肉、猪里脊肉或鱼、虾等质地柔嫩的食材。

　　用于滑炒的肉类在烹调之前必须先去除外皮、骨头以及外壳，再切成薄片、细丝、粒或末状，以便于快熟。油锅加热至150℃左右时，放入肉类快炒一下，捞出，倒入漏勺中，

沥干油。锅中留适量油大火烧至190℃左右，加入调味汁、配菜及炒过的主料，全部炒匀以后即可盛出。

软炒：软炒就是将生的材料先加工成泥蓉状，或者用蛋汁、牛奶、淀粉、汤水等调成液状后，倒入温油锅中加热成松软的棉絮状。软炒一般来说比较适合烹饪鱼肉、虾、鸡蛋、鸡肉等食材。需要注意的是，在加入各种汤水调制时，不能加调味料，也不能加太多的汤水。

软炒时，锅要先用油滑好，保持中火热油，当油面开始冒烟，油从四周聚向中央时，将泥蓉状或半流体的材料倒入，用锅铲轻轻推炒，有些材料需要在推炒的过程中分次加入少量油，避免材料粘锅，待所有材料凝固时，即可出锅。

煸炒：煸炒是利用大火和少量的油炒干食材中的水分，从而使其产生香脆的口感。煸炒和生炒有一定的相似之处，但是煸炒的时间比较长一些，适用于不易炒破的食材，如土豆等。

煸炒之前，一定要先将锅烧热，再倒入适量油，加热至油面冒烟，油面平静时，将主料加入煸炒，迅速翻炒，使食材受热均匀，再加入调味料，将大火转为小火，最后加入盐等调味料调味，拌炒均匀后即可出锅。

爆炒：爆炒适合用于肉类、动物内脏和海鲜等带有脆感和韧性的动物性食材。余烫、滑油或油炸后的食材用适量的油，用大火快速加热完成。爆炒时，根据使用的辅料和调味料，还可以分为葱爆、油爆和酱爆等，但制作方法基本相同，都可以呈现食材原有的脆嫩口感。

爆炒的基本顺序是，爆炒时将锅加热，倒入油加热至表面冒烟，爆香姜、蒜后，再将材料加入，大火快速翻炒后将火调小，倒入预先调好的调味汁，快速翻炒至熟，即可出锅。

小炒的常用调料

调料对于小炒来说至关重要。用对了调料，就会为小炒加分，但是面对五花八门的各种调料，你真的了解么？

盐：烹调时最重要的味料。其渗透力强，适合腌制食物，但需注意腌制时间与用量。

酱油：分为生抽和老抽。生抽颜色较浅，酱味较浅，咸味较重，较鲜，多用于调味；老抽颜色较深，酱味浓郁，鲜味较低，故有加入草菇以提高其鲜味的草菇老抽等产品，一般用于给菜肴上色。

醋：有米醋、陈醋、红醋、白醋等，米醋适用于制作凉拌菜，可以保持蔬菜原色，使菜肴更鲜亮。陈醋香味独特，酸度更高，大多在制作完成后加入，能使菜肴的香味与醋的香味完美结合。红醋不能久煮，于起锅前加入即可，以免香味散去。白醋略煮可使酸味较淡。

蚝油：蚝油也是腌制食材的好调味料，可使蚝油特有的鲜味渗透原料内部，增加菜肴的口感和质感。蚝油本身很咸，可以加糖稍微中和其咸度。

芝麻油：菜肴起锅前淋上，可增香味。腌制食物时，亦可加入以增添香味。

料酒：烹调鱼、肉类时添加少许的酒，可去腥味。

辣椒酱：红辣椒磨碎之后制成的酱，呈赤红色黏稠状，又称辣酱，可增添辣味，并增加菜肴色泽。

番茄酱：番茄酱是鲜番茄的酱状浓缩制品，呈鲜红色酱体，有西红柿的特有风味，番茄酱常用作鱼、肉等食物的烹饪佐料，是增色、添酸、助鲜、郁香的调味佳品。

糖：可以提高菜的质量、色泽，缓和辣味焦糖。使用正确可以去除菜的某种异味和抑制菜里的微生菌生长提高菜肴的保质期等。

生粉：为芡粉之一种，使用时先使其溶于水再勾芡，可使汤汁浓稠。此外，用于油炸物的沾粉时可增加脆感。用于上浆时，则可使食物保持滑嫩。

豆豉：干豆豉用前以水泡软，再切碎使用。湿豆豉只要洗净即可使用。

辣椒：可使菜肴增加辣味，并使菜肴色彩鲜艳。

花椒：也被称为川椒，常用来红烧及卤。花椒粒炒香后磨成的粉末即为花椒粉，若加入炒黄的盐则成为花椒盐，常用于油炸食物的蘸食之用。

胡椒：辛辣中带有芳香，可去腥及增添香味。白胡椒较温和，黑胡椒味则较重。

小炒的注意事项

选好了食材，洗切处理完毕，调料准备好了，那么你现在最需要的，就是一些小炒的注意事项了。这些注意事项不仅关系到菜肴的味道，还关系到健康，所以，一定要看一下。

锅烧干后再放油：炒菜时，锅内尽可能不能有水分，因为锅里有水分时最容易溅油了，要等水干了以后再放油，放菜之前在油里放一点盐，可以很好地防止溅油。

烧肉不宜过早放盐：盐的主要成分氯化钠，易使肉中的蛋白质发生凝固，使肉块缩小，肉变质硬，且不易烧烂。

油锅不宜烧得过旺：经常食用烧得过旺的油炒菜，容易产生低酸胃或胃溃疡，如不及时治疗还会发生癌变。

未煮透的黄豆不宜吃：黄豆中含有一种会妨碍人体中胰蛋白酶活动的物质。人们吃了未煮透的黄豆，对黄豆蛋白质难以消化和吸收，甚至会发生腹泻。而食用煮烂烧透的黄豆，则不会出问题。

烧鸡蛋不宜放味精：鸡蛋本身含有与味精相同的成分谷氨酸。因此，炒鸡蛋时没有必要再放味精，味精会破坏鸡蛋的天然鲜味，当然更是一种浪费。

酸碱食物不宜放味精：酸性食物放味精同时高温加热，味精(谷氨酸)会因失去水分而变成焦谷氨酸二钠，虽然无毒，却没有一点鲜味了。在碱性食物中，当溶液处于碱性条件下，味精(谷氨酸钠)会转变成谷氨酸二钠，是无鲜味的。

反复炸的过油不宜食用：反复炸过的油其热能的利用率，只有一般油脂三分之一左右。而食油中的不饱和脂肪经过加热，还会产生各种有害的聚合物，此物质可使人体生长停滞，肝脏肿大。另外，此种油中的维生素及脂肪酸均遭破坏。

冻肉不宜在高温下解冻：将冻肉放在火炉旁、沸水中解冻，由于肉组织中的水分不能迅速被细胞吸收而流出，就不能恢复其原来的质量，遇高温，冻猪肉的表面还会结成硬膜，影响了肉内部温度的扩散，给细菌造成了繁殖的机会，肉也容易变坏。冻肉最好在常温下自然解冻。

铝铁饮具不宜混杂：铝制品的餐具要比铁制品的饮具软。如果选择铁锅烹饪家常菜时，最好不要用铝铲炒制。因为铝铲比较软，遇到铁锅后，铝经过磨损就进入菜中，经常食用会危害身体健康。

PART 2
菌蔬小炒

悄然走过春暖花开，走过夏季的苍翠，各种蔬菜、菌菇填满我们的生活，也抚慰了我们的肠胃和心情。去菜市场买回一袋袋绿的芹菜、白的莲藕、黄的南瓜、红的西红柿，洗洗切切下锅爆炒，保证你再不好的心情都会云开雾散，再不好的肠胃都能调理得妥妥帖帖。

菌蔬小炒取材方便、做法简单、不油不腻、健康美味。蔬菜、菌菇中又富含膳食纤维、多种维生素和矿物质，而大火爆炒的烹饪方法大大降低了营养流失。所以，菌蔬小炒既美味，又简单，最重要的是——健康。

白菜

别名	大白菜、黄芽菜、黄矮菜、菘。
性味	性平，味苦、辛、甘。
归经	归肠、胃经。

✔ 适宜人群
脾胃气虚者、大小便不利者、维生素缺乏者。

✘ 不宜人群
胃寒者、腹泻者、肺热咳嗽者。

营养功效

◎白菜的营养元素能够提高机体免疫力，有预防感冒及消除疲劳的功效。

◎白菜中的钾能将盐分排出体外，有利尿作用。

◎秋冬季节空气特别干燥，寒风对人的皮肤伤害极大。白菜中含有丰富的维生素C、维生素E，多吃白菜，可以起到很好的护肤和养颜效果。

TIPS
①切大白菜时，宜顺丝切，这样大白菜易熟。
②炒白菜的时候，在油里加少许盐，再大火快炒，能保持白菜的鲜嫩。

食材清洗

①取一盆清水，加入适量盐，搅匀。

②将白菜放入盐水中，浸泡15分钟左右。

③将白菜用清水冲洗干净，沥干水分即可。

食材加工

①取洗净的白菜梗，用刀将白菜梗的根部切除。

②切除白菜梗上的叶子，横向将白菜梗一切为二。

③取白菜梗，用刀按适当宽度切丝。

青椒炒白菜

▌烹饪时间：1分30秒　▌适宜人群：一般人群

🌶️ **原料**

白菜120克，青椒40克，红椒10克

🍲 **调料**

盐、鸡粉各2克，食用油适量

🍴 **做法**

①洗好的白菜切段，再切丝。

②洗净的青椒去籽，再切粗丝。

③洗好的红椒切开，去籽，切粗丝。

④用油起锅，倒入青椒、红椒炒匀，倒入白菜梗，炒至变软。

⑤放入白菜叶，用大火快炒。

⑥转小火，加入盐、鸡粉，翻炒匀，至食材入味即可。

制作指导

白菜不宜炒制太久，以免破坏其营养。

口蘑烧白菜

▌烹饪时间：2分钟 ▌适宜人群：男性

🌶️ 原料

口蘑90克，大白菜120克，红椒40克，姜片、蒜末、葱段各少许

🍲 调料

盐3克，鸡粉2克，生抽2毫升，料酒4毫升，水淀粉、食用油各适量

🍴 做法

①口蘑洗净切片，洗好的大白菜切小块，洗净的红椒切小块。

②锅中注入清水烧开，加入鸡粉、盐。

③倒入口蘑煮约1分钟，再倒入大白菜、红椒，续煮半分钟。

④煮至全部食材断生后捞出，沥干水分，待用。

⑤用油起锅，放姜片、蒜末、葱段爆香，倒入食材翻炒。

⑥淋入少许料酒，加入适量鸡粉、盐，翻炒均匀。

⑦再倒入少许生抽，翻炒至食材入味。

⑧倒入水淀粉翻炒至食材熟透，盛出装在盘中即成。

❶ 将洗净的白菜对半切开，斜刀切小块。

❷ 用油起锅，放入花椒，炸至散出香味，捞出，倒入蒜末、干辣椒，爆香。

❸ 放入红椒片，倒入白菜梗，炒至变软。

❹ 放入白菜叶，炒匀，注入清水，炒至白菜熟软。

❺ 加入盐、白糖、鸡粉、陈醋炒入味，盛出炒好的食材，装入盘中即成。

醋熘白菜

▌烹饪时间：4分钟 ▌适宜人群：女性

🌶 原料

白菜200克，花椒、干辣椒、红椒片、蒜末各少许

🍲 调料

盐2克，白糖、鸡粉各少许，陈醋10毫升，食用油适量

制作指导

注入的清水不宜太多，以免减淡了菜肴的特殊风味。

空心菜

别名	通心菜、无心菜、空筒菜、蕹菜、竹叶菜、藤藤菜、蓊菜、瓮菜。
性味	性平，味甘，无毒。
归经	归肝、心，大、小肠经。

✔ 适宜人群

高血压、头痛、糖尿病、鼻血、便秘、淋浊、痔疮、痈肿等患者。

✘ 不宜人群

体质虚弱、脾胃虚寒、大便溏泄者。

营养功效

◎空心菜中的粗纤维含量极为丰富，能加速体内有毒物质的排泄，提高巨噬细胞吞食细菌的活力，杀菌消炎，可以用作疮疡、痈疖等病症的食疗。

◎空心菜含纤维素，可增进肠道蠕动，加速排便，对于防治便秘及减少肠道癌变有积极的作用。

◎空心菜中有丰富的维生素C和胡萝卜素，其维生素含量高于大白菜，这些物质有助于增强体质，防病抗病。

TIPS

空心菜遇热容易变黄，烹调时要充分热锅，大火快炒，不等叶片变软即可熄火盛出。

食材清洗

①将空心菜放在清水中清洗一下。

②烧一锅热水，将空心菜放入锅中焯烫。

③将空心菜放入盆里，加入清水洗净即可。

食材加工

①取焯烫过的空心菜，按适当长度切段。

②用刀依次切同样的段。

③将空心菜切成均匀的段状，摆整齐装盘即可。

腰果炒空心菜

▌烹饪时间：2分钟　▌适宜人群：老年人

🌶 原料

空心菜100克，腰果70克，彩椒15克，蒜末少许

🍲 调料

盐2克，白糖、鸡粉、食粉各3克，水淀粉、食用油各适量

🍴 做法

❶洗净的彩椒去籽，切成细丝。

❷腰果洗净焯水沥干；热锅注油，下腰果略炸，捞出沥干。

❸另起锅，注水烧开，放入洗净的空心菜，焯至断生捞出。

❹用油起锅，放蒜末爆香，放彩椒丝、空心菜，翻炒。

❺加入少许盐、白糖、鸡粉。

❻用水淀粉勾芡，盛出装入盘中，点缀上熟腰果即成。

制作指导

空心菜的根部较硬，应将其切除，以免影响菜肴的口感。

① 洗净的红椒去籽，切成圈。

② 锅中注入清水烧开，加入少许盐、食用油。

③ 倒入洗好的空心菜，略煮一会儿至其熟软，捞出沥干。

④ 热锅注油，倒入蒜末，爆香，放入备好的腊八豆、红椒、空心菜，翻炒片刻。

⑤ 加入少许盐，炒匀调味，将炒好的菜肴盛出装盘即可。

腊八豆炒空心菜

▌烹饪时间：2分钟　▌适宜人群：一般人群

🌶 **原料**

空心菜400克，红椒10克，腊八豆30克，蒜末少许

🍲 **调料**

盐3克，食用油适量

制作指导

空心菜先焯一下水再炒，能节省烹饪时间。

蒜蓉空心菜

┃ 烹饪时间：1分钟 ┃ 适宜人群：孕妇

🌶 原料

空心菜300克，蒜末少许

🍲 调料

盐、鸡粉各2克，食用油少许

🍴 做法

①洗净的空心菜切成小段。

②把切好的空心菜装入盘中，待用。

③用油起锅，放入蒜末，爆香。

④锅中倒入切好的空心菜。

⑤用大火翻炒一会儿，至其变软。

⑥转中火，加入少许盐、鸡粉。

⑦快速翻炒片刻，至食材入味。

⑧盛出炒好的食材，装入盘中即成。

菠菜

别名	鼠根菜、赤根菜、鹦鹉菜、波斯草、角菜、菠棱菜。
性味	性凉，味甘、辛。
归经	归大肠、胃经。

✔ 适宜人群

电脑工作者，爱美者，糖尿病患者，高血压患者，便秘者，贫血者，坏血病患者，皮肤粗糙、过敏者。

✖ 不宜人群

肾炎患者，肾结石患者，脾虚便溏者。

营养功效

◎菠菜含有大量的植物粗纤维，能促进肠道蠕动，利于排便，且能促进胰腺分泌，帮助消化。

◎菠菜中所含的胡萝卜素，在人体内会转变成维生素A，能维护视力正常和上皮细胞的健康，提高机体预防传染病的能力，促进儿童的生长发育。

◎菠菜含有丰富的铁元素，对缺铁性贫血有较好的辅助调理作用。

TIPS

很多人都爱吃菠菜，但菠菜含有草酸，尤以圆叶品种含量为高，食后会影响人体对钙的吸收，因此，食用此种菠菜时宜先焯水，去除草酸的同时，也能去掉菠菜本身的涩味。

食材清洗

①将菠菜叶放入盆里，加适量清水、食盐，浸泡。

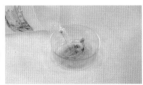
②把菠菜根放进大碗，加清水、食盐浸泡，搓洗。

③将泡好的菠菜叶和根捞出，冲洗干净，沥干。

食材加工

①将菠菜放在砧板上，摆放整齐。

②把根部切除。

③将菠菜切成5～6厘米的长段。

胡萝卜炒菠菜

▌烹饪时间：2分钟 ▌适宜人群：女性

🌶 原料

菠菜180克，胡萝卜90克，蒜末少许

🍲 调料

盐3克，鸡粉2克，食用油适量

🍴 做法

❶将洗净去皮的胡萝卜切细丝；洗好的菠菜切去根部，切段。

❷锅中注入清水烧开，放入胡萝卜丝，撒上盐，搅匀。

❸煮约半分钟，至食材断生后捞出，沥干水分。

❹用油起锅，放入蒜末，爆香。

❺倒入菠菜，快速炒匀，至其变软。

❻放入焯煮过的胡萝卜丝，加盐、鸡粉炒匀，盛出装盘即成。

制作指导

菠菜易熟，宜用大火快炒，可避免营养流失。

素鸡炒菠菜

烹饪时间：2分钟　｜　适宜人群：儿童

🌶 原料

素鸡120克，菠菜100克，红椒40克，姜片、蒜末、葱段各少许

🍲 调料

盐2克，鸡粉2克，料酒、食用油各适量

🍴 做法

①将洗净的素鸡切片，洗好的红椒切圈，菠菜切段。

②热锅注油，烧至四成热，放入素鸡，拌匀，炸出香味。

③把炸好的素鸡捞出，待用。

④锅底留油烧热，放入姜片、蒜末、葱段，爆香。

⑤倒入切好的菠菜，炒至熟软。

⑥放入素鸡、红椒，炒匀。

⑦加入料酒、盐、鸡粉，炒匀调味。

⑧倒入适量水淀粉勾芡，将炒好的材料盛出，装入盘中即可。

菠菜炒香菇

| 烹饪时间：3分钟 | 适宜人群：孕妇

🌶 原料

菠菜150克，鲜香菇45克，姜末、蒜末、葱花各少许

🍲 调料

盐、鸡粉各2克，料酒4毫升，橄榄油适量

制作指导

香菇可先焯煮一会儿，这样能节省烹饪时间。

❶ 洗好的香菇去蒂，切粗丝；洗净的菠菜切去根部，切长段。

❷ 锅置火上，淋入少许橄榄油，倒入蒜末、姜末，爆香。

❸ 放入香菇，炒匀炒香，淋入少许料酒，炒匀。

❹ 倒入备好的菠菜，炒至熟软。

❺ 加入盐、鸡粉，炒匀调味，盛出炒好的菜肴即可。

韭菜

别名	韭、丰本、扁菜、懒人菜、起阳草。
性味	性温，味甘、辛。
归经	归肝、肾经。

✔ 适宜人群

夜盲症、干眼病患者，体质虚寒、皮肤粗糙、便秘、痔疮患者。

✘ 不宜人群

消化不良、肠胃功能较弱者，眼疾、胃病患者。

 营养功效

◎韭菜含有大量维生素和粗纤维，能增进胃肠蠕动，辅助治疗便秘，预防肠癌。

◎韭菜的辛辣气味有散瘀活血、行气导滞的作用，适用于跌打损伤、反胃、肠炎、吐血、胸痛等症的食疗。

◎韭菜含有挥发性精油及硫化物等特殊成分，散发出一种独特的辛香气味，有助于疏调肝气，增进食欲，增强消化功能。

TIPS

①韭菜虽然一年四季皆有，但以冬季到春季出产的的韭菜味道最鲜美，叶肉薄且柔软。

②韭菜可炒食，荤、素皆宜，还可以做馅，风味独特。由于韭菜遇空气以后味道会加重，所以烹调前再切较好。

 食材清洗

①将韭菜放入盆里，加清水和适量盐，搅匀。

②浸泡15分钟左右。

③将韭菜放在流水下冲洗干净，沥干水分即可。

 食材加工

①取洗净的韭菜，摆放整齐，按适当长度切段。

②将韭菜依次切成同样长度的段。

③将切好的韭菜放整齐，装盘即可。

虾米韭菜炒香干

烹饪时间：2分钟 | **适宜人群：男性**

🌶 原料

韭菜130克，香干100克，彩椒40克，虾米20克，白芝麻10克，豆豉、蒜末各少许

🍲 调料

盐2克，鸡粉2克，料酒10毫升，生抽3毫升，水淀粉4毫升

🍴 做法

①香干切条；洗好的彩椒去籽，切条；择洗干净的韭菜切段。

②热锅注油，烧至三成热，倒入香干，翻匀，炸出香味。

③把炸好的香干捞出，沥干油。

④锅底留油，放蒜末爆香，倒入虾米、豆豉，翻炒出香味。

⑤放入彩椒、料酒，翻炒均匀，倒入韭菜、香干翻炒。

⑥放盐、鸡粉、生抽、水淀粉炒匀，盛出撒上白芝麻即可。

制作指导

虾米可以先用温水泡一会儿再炒，可以使菜肴口感更佳。

❶ 将洗净的韭菜切段，洗净的彩椒切粗丝，卤莲藕切粗丝。

❷ 用油起锅，放入葱段，大火爆香，倒入彩椒丝，翻炒几下。

❸ 再放入韭菜段，炒匀、炒透。

❹ 倒入切好的卤莲藕，翻炒一会儿，加入少许生抽、盐，炒匀调味。

❺ 放适量水淀粉，炒至食材熟透，盛出装入盘中即成。

韭菜炒卤藕

▌烹饪时间：1分钟　　▌适宜人群：女性

🌶 原料

卤莲藕150克，韭菜70克，彩椒50克，葱段少许

🍲 调料

盐2克，生抽3毫升，水淀粉、食用油各适量

制作指导

卤莲藕的味道较重，所以调味时所用调味料不可太多，以免过咸。

韭菜炒西葫芦丝

▍烹饪时间：2分钟 ▍适宜人群：老年人

🌶 **原料**

韭菜180克，西葫芦200克，红椒20克

🍲 **调料**

盐、鸡粉各2克，水淀粉2毫升，食用油适量

🍴 **做法**

❶洗净的韭菜切段。

❷洗好的红椒对半切开，去籽，切成丝。

❸洗净的西葫芦切片，改切成丝。

❹用油起锅，倒入切好的韭菜、红椒，翻炒匀。

❺放入西葫芦丝。

❻翻炒至熟软。

❼加入盐、鸡粉、水淀粉。

❽将锅中食材翻炒均匀，盛入盘中即可。

芹菜

别名	蒲芹、香芹。
性味	性凉，味甘、辛。
归经	归肺、胃经。

✔ 适宜人群

高血压患者、动脉硬化患者、缺铁性贫血者及经期女性。

✘ 不宜人群

脾胃虚寒者、肠滑不固者。

🫘 营养功效

◎芹菜含有利尿成分，能消除体内钠的潴留，利尿消肿。

◎芹菜是高纤维食物，它经肠内消化作用产生一种抗氧化剂——木质素，对肠内细菌产生的致癌物质有抑制作用。

TIPS

①芹菜叶中所含的胡萝卜素和维生素C比茎多，因此吃时不要把能吃的嫩叶扔掉。

②芹菜焯水时，水里添加一点盐和油，焯好的蔬菜翠绿清脆。

 食材清洗

①将去叶的芹菜放在盛有清水的盆中。

②在水中加适量的食盐，拌匀后浸泡10~15分钟。

③刷洗芹菜秆，再冲洗两到三遍，沥干水即可。

 食材加工

①将洗净的芹菜摆放好，一端对齐。

②用刀横向切段。

③按这种方法将芹菜全部切完。

慈姑炒芹菜

▌烹饪时间：1分钟　▌适宜人群：老年人

🌶️ 原料

慈姑100克，芹菜100克，彩椒50克，蒜末、葱段各适量

🍲 调料

盐1克，鸡粉4克，水淀粉4毫升，食用油适量

🍴 做法

❶洗好的慈姑切片，摘洗好的芹菜切段，洗净的彩椒切小块。

❷锅中注水烧开，放入盐、鸡粉、彩椒、慈姑，煮1分钟。

❸将焯好水的食材捞出，沥干水分。

❹油爆蒜、葱，倒入芹菜、彩椒、慈姑炒匀，加盐、鸡粉。

❺倒入适量水淀粉。

❻翻炒均匀，盛出装入盘中，即可食用。

制作指导

慈姑口感爽脆，所以在焯水时不易过久，以免影响口感。

杏鲍菇炒芹菜

▌烹饪时间：2分钟 ▌适宜人群：一般人群

🌶 **原料**

杏鲍菇130克，芹菜70克，蒜末少许

🍲 **调料**

盐3克，水淀粉3毫升、鸡粉、食用油各适量

🍴 **做法**

❶洗好的芹菜切段，洗净的杏鲍菇切条，洗好的彩椒切条。

❷锅中注水烧开，放入盐、食用油。

❸倒入杏鲍菇，搅散，煮至沸。

❹加入芹菜段，略煮片刻。

❺再放入彩椒，搅拌匀，煮至断生，捞出，沥干水分。

❻用油起锅，放入蒜末，倒入焯过水的食材，翻炒匀。

❼加入少许盐、鸡粉，炒匀调味。

❽淋入水淀粉，翻炒匀，盛出炒好的食材，装入盘中即可。

核桃仁芹菜炒香干

┃烹饪时间：2分钟　┃适宜人群：儿童

🌶 原料

香干120克，胡萝卜70克，核桃仁35克，芹菜段60克

🍲 调料

盐2克，鸡粉2克，水淀粉、食用油各适量

制作指导

核桃仁不宜炸太久，以免降低其营养价值。

🍴 做法

❶将洗净的香干切细条形，洗好的胡萝卜切粗丝。

❷热锅注油，烧至三四成热，倒入核桃仁，拌匀，炸出香味，捞出，沥干油。

❸用油起锅，倒入洗好的芹菜段。

❹放入胡萝卜丝、香干炒匀，加入少许盐、鸡粉。

❺倒入水淀粉炒入味，倒入核桃仁炒匀，盛出装盘即可。

包菜

别名	圆白菜、卷心菜、结球甘蓝、莲花白。
性味	性平，味甘。
归经	归脾、胃经。

✔ 适宜人群

胃及十二指肠溃疡患者、糖尿病患者、容易骨折的老年人。

✖ 不宜人群

皮肤瘙痒性疾病、咽部充血患者。

营养功效

◎包菜富含维生素C、维生素E和胡萝卜素等，具有很好的抗氧化及抗衰老作用。

◎包菜富含维生素U，对溃疡有很好的治疗作用，能加速愈合，还能预防胃溃疡恶变。

◎包菜含有丰富的萝卜硫素，能形成一层对抗外来致癌物侵蚀的保护膜，能够很好地防癌抗癌。

TIPS

①选购包菜要选择结球紧实、修整良好、无老帮、无焦边、无病虫害损伤的包菜为佳。

②包菜宜冷藏保存。

食材清洗

①在清水中加盐，做成淡盐水。

②将包菜切开，放进盐水中浸泡15分钟。

③再把包菜冲洗干净，捞起沥干水即可。

食材加工

①把包菜切成粗条状。

②菜条堆放整齐，切成小方块。

③把所有的菜条切成小方块即可。

豆腐皮枸杞炒包菜

■ 烹饪时间：3分钟 ■ 适宜人群：男性

🌶 原料

包菜200克，豆腐皮120克，水发香菇30克，枸杞少许

🍲 调料

盐、鸡粉各2克，白糖3克，食用油适量

🍴 做法

①香菇洗净切粗丝；豆腐皮切片；包菜洗净去硬芯，切小块。

②锅中注入清水烧开，倒入豆腐皮，拌匀，略煮一会儿。

③捞出豆腐皮，沥干水分。

④用油起锅，倒入香菇，炒香。

⑤放入包菜，炒至变软，倒入豆腐皮，撒上枸杞，炒匀炒透。

⑥加入适量盐、白糖、鸡粉，炒匀，盛出炒好的食材即可。

制作指导

包菜炒至八九成熟即可出锅，以免营养流失。

✖ 做法

❶食材洗净，圆椒切小块，西红柿切瓣，包菜切小块。

❷锅中注水烧开，倒入食用油、盐，将包菜煮断生，捞出。

❸用油起锅，倒入蒜末、葱段、西红柿、彩椒，炒匀。

❹加入焯过水的包菜，炒片刻。

❺放入番茄酱、盐、鸡粉、白糖、水淀粉，炒匀，盛出，装入盘中即可。

西红柿炒包菜

■烹饪时间：2分钟　■适宜人群：儿童

🌶 原料

西红柿120克，包菜200克，圆椒60克，蒜末、葱段各少许

🍲 调料

番茄酱10克，盐4克，鸡粉2克，白糖2克，水淀粉4毫升，食用油适量

制作指导

包菜炒久了会变软，影响口感，可用大火快速翻炒。

胡萝卜丝炒包菜

┃ 烹饪时间：3分钟 ┃ 适宜人群：女性

原料

胡萝卜150克，包菜200克，圆椒35克

调料

盐、鸡粉各2克，食用油适量

做法

❶洗净去皮的胡萝卜切片，改切成丝。

❷洗好的圆椒去籽，切成细丝。

❸洗净的包菜切去根部，再切粗丝。

❹用油起锅，倒入胡萝卜，炒匀。

❺放入包菜、圆椒，炒匀。

❻注入少许清水，炒至食材断生。

❼加入少许盐、鸡粉，炒匀调味。

❽关火后盛出炒好的菜肴即可。

菜心

别名	菜薹、广东菜薹、广东菜。
性味	性凉，味甘。
归经	归肝、脾、肺经。

✔ 适宜人群
一般人群都可食用，尤其适合便秘者食用。

✘ 不宜人群
腹泻者不宜多食。

营养功效

◎菜心性微寒，常食具有除烦解渴、利尿通便和清热解毒之功效，在燥热时节食用价值尤为明显。

◎菜心富含粗纤维、维生素C和胡萝卜素，不但能够刺激肠胃蠕动，起到润肠、助消化的作用，对护肤和养颜也有一定的作用。

◎菜心中的钙、磷等元素，能促进骨骼发育。

TIPS
①菜心以其嫩叶和嫩薹为食用部分，味道鲜美，清爽可口，风味独特。
②菜心食用方法多种，可炒食，做汤，也可用作其他菜的配菜。

食材清洗

①将菜心放进水盆里，加入食盐，用手搅匀。

②浸泡15分钟左右。

③用手抓洗片刻，再将菜心冲洗干净，沥干即可。

食材加工

①取洗净的菜心，将分叉以下部位的梗斜切掉。

②将菜心叶斜切掉。

③一边旋转菜心，一边斜切菜心叶。

远志炒菜心

▌烹饪时间：2分钟 ▌适宜人群：女性

🌶 原料

菜心500克，远志8克，夜交藤10克，松仁少许

🍲 调料

盐2克，白糖2克，鸡粉2克，食用油适量

🍴 做法

❶砂锅中注入适量清水烧热，倒入远志、夜交藤。

❷盖上锅盖，大火煮30分钟析出成分，滤出药汁装碗。

❸热锅注油，倒入洗净的菜心翻炒片刻。

❹倒入熬煮好的药汁，加入盐、白糖、鸡粉。

❺再倒入少许水淀粉，翻炒匀。

❻放入松仁，快速翻炒匀，将炒好的菜心盛出装入盘中即可。

制作指导

熬煮药汁时，可以将药汁熬煮得浓一点，功效会更好。

菌菇烧菜心

烹饪时间：15分钟 ┃ 适宜人群：一般人群

🌶 **原料**

杏鲍菇50克，鲜香菇30克，菜心95克

🍲 **调料**

盐2克，生抽4毫升，鸡粉2克，料酒4毫升

🍴 **做法**

❶将洗净的杏鲍菇切小块。

❷锅中注水烧开，加入料酒，倒入杏鲍菇，煮2分钟。

❸倒入洗好的香菇，拌匀，略煮一会儿。

❹捞出焯煮好的食材，沥干水分。

❺锅中注水烧热，倒入焯过水的食材。

❻盖上盖，煮10分钟至食材熟软。

❼揭盖，加入盐、生抽、鸡粉，拌匀。

❽放入洗净的菜心，拌匀，煮至变软，盛出锅中的食材即可。

❶将菜心切去根部和多余的叶子，将红椒、彩椒切小块。

❷生鱼肉切片，加盐、鸡粉、水淀粉、食用油，腌渍入味。

❸菜心焯水后捞出，装入盘中；生鱼片滑油至变色后捞出，沥干油。

❹锅底留油，放入姜片、葱段、红椒、彩椒、生鱼片炒匀。

❺加料酒、鸡粉、盐、水淀粉炒匀，盛出放在菜心上即成。

菜心炒鱼片

| 烹饪时间：2分钟 | 适宜人群：儿童

原料

菜心200克，生鱼肉150克，彩椒40克，红椒20克，姜片、葱段各少许

调料

盐3克，鸡粉2克，料酒5毫升，水淀粉、食用油各适量

制作指导

生鱼肉切片时最好用斜刀切，这样腌渍时才更容易入味。

白萝卜

别名	萝白、萝欠、菜头、紫花菜、菜菔、荠根、芦菔、紫菘、秦菘、萝臼。
性味	性平，味甘、辛。
归经	归肺、脾经。

✔ 适宜人群

头屑多、头皮痒者，咳嗽者、鼻出血者。

✘ 不宜人群

阴盛偏寒体质者，脾胃虚寒者，胃及十二指肠溃疡者，慢性胃炎者，先兆流产、子宫脱垂者。

营养功效

◎白萝卜能诱导人体自身产生干扰素，增强机体免疫力，并能抑制癌细胞的生长，对防癌、抗癌有重要作用。

◎白萝卜中的芥子油和粗纤维可促进胃肠蠕动，有助于体内废物的排出。

◎白萝卜中含有大量胶质，能生成血小板，有止血功效。

TIPS

①白萝卜可生食、炒食、做药膳、煮食，或煎汤、捣汁饮，或外敷患处，烹饪中适用于烧、拌、熬，也可作配料和点缀。

②白萝卜种类繁多，生吃以汁多辣味少者为好，平时不爱吃凉性食物者以熟食为宜。

 食材清洗

①将萝卜放在盆中，注入适量清水。

②倒入少量盐，搅拌均匀，浸泡15分钟左右。

③捞出之后用清水冲洗干净，沥干即可。

 食材加工

①将萝卜切成薄片状。

②将切好的萝卜薄片用刀压平，摆整齐。

③将萝卜片切成细丝。

榨菜炒白萝卜丝

▌烹饪时间：2分钟 ▌适宜人群：孕妇

🌶 原料

榨菜头120克，白萝卜200克，红椒40
克，姜片、蒜末、葱段各少许

🍲 调料

盐2克，鸡粉2克，豆瓣酱10克，水淀粉、食
用油各适量

🍴 做法

❶洗净去皮的白萝卜
切丝，洗好的榨菜
头、红椒切丝。

❷锅中注水烧开，加
入食用油、盐、榨菜
丝，煮半分钟。

❸再倒入白萝卜丝，
搅匀，再煮1分钟，捞
出，沥干水分。

❹锅中注油烧热，放
入姜片、蒜末、葱
段、红椒丝，爆香。

❺倒入榨菜丝、白萝
卜丝炒匀，加鸡粉、
盐、豆瓣酱调味。

❻倒入水淀粉，翻炒
匀，盛出炒好的食
材，装入盘中即可。

制作指导

翻炒萝卜丝的时间不宜过长，否则会炒
出水，失去萝卜丝的脆劲。

✄ 做法

❶将洗净去皮的白萝卜切丝，洗好的彩椒切粗丝。

❷将黄豆芽、白萝卜丝、彩椒丝焯水后捞出，沥干水分。

❸油爆姜末、蒜末，倒入焯煮好的食材，炒匀。

❹加入盐、鸡粉、蚝油，炒匀调味。

❺倒入水淀粉炒熟，盛出装入盘中即可。

白萝卜丝炒黄豆芽

■ 烹饪时间：2分钟　■ 适宜人群：一般人群

🌶 原料

白萝卜400克，黄豆芽180克，彩椒40克，姜末、蒜末各少许

🍲 调料

盐4克，鸡粉2克，蚝油10克，水淀粉6毫升，食用油适量

制作指导

将白萝卜用盐腌渍10分钟后冲洗干净，能去除辣味，还能保持其爽脆的口感。

红烧白萝卜

| 烹饪时间：2分钟 | 适宜人群：男性

原料

白萝卜350克，鲜香菇35克，彩椒40克，蒜末、葱段各少许

调料

盐2克，鸡粉2克，生抽5毫升，水淀粉5毫升，食用油适量

做法

❶洗净去皮的白萝卜切丁，洗好的香菇、彩椒切小块。

❷用油起锅，放入蒜末、葱白爆香，倒入香菇，炒熟软。

❸再放入白萝卜丁，快速翻炒匀。

❹注入适量清水，加入少许盐、鸡粉。

❺淋入适量生抽，拌匀调味。

❻盖上盖，用中火焖煮约5分钟，至食材八成熟。

❼揭盖，放入切好的彩椒。

❽倒入水淀粉勾芡，撒上葱叶，炒熟软，盛出装盘即成。

胡萝卜

别名	红萝卜、黄萝卜、番萝卜、丁香萝卜、胡芦菔金、赤珊瑚。
性味	性平，味甘涩。
归经	归心、肺、脾、胃经。

✔ 适宜人群

癌症、高血压、夜盲症、干眼症患者，营养不良、食欲不振、皮肤粗糙者。

✘ 不宜人群

脾胃虚寒者。

营养功效

◎胡萝卜含有大量胡萝卜素，有补肝明目的作用，可辅助治疗夜盲症。

◎胡萝卜含有植物纤维，吸水性强，在肠道中体积容易膨胀，是肠道中的"充盈物质"，可加强肠道蠕动，从而利膈宽肠，通便防癌。

◎胡萝卜所含的某些成分能增加冠状动脉血流量，降低血脂，促进肾上腺素的合成，还有降压、强心作用，是高血压、冠心病患者的食疗佳品。

TIPS
①不要食用切碎后水洗或久泡于水中的胡萝卜。
②烹饪胡萝卜时不宜加醋太多，以免胡萝卜素损失。

食材清洗

①将胡萝卜放入清水中，加盐，浸泡15分钟。

②刷洗胡萝卜表面。

③将胡萝卜搓洗干净，沥干水分即可。

食材加工

①取洗净的胡萝卜，纵向对切。

②取其中一半，切薄片。

③用刀依次将胡萝卜切成均匀的半圆片即可。

胡萝卜炒杏鲍菇

▌烹饪时间：2分钟 ▌适宜人群：老年人

🌶 **原料**

胡萝卜100克，杏鲍菇90克，姜片、蒜末、葱段各少许

🍲 **调料**

盐3克，鸡粉少许，蚝油4克，料酒3毫升，食用油、水淀粉各适量

🍴 **做法**

❶将洗净的杏鲍菇切片，洗净去皮的胡萝卜切片。

❷锅中注水烧开，放入食用油、盐、胡萝卜片，煮约半分钟。

❸再倒入杏鲍菇，续煮约1分钟，捞出，沥干水分。

❹油爆姜片、蒜末、葱段，倒入焯煮好的食材，炒匀。

❺淋入料酒，炒透，加入盐、鸡粉。

❻放入蚝油，炒至食材熟透，倒入水淀粉勾芡，盛出装盘。

制作指导

胡萝卜不可切得过厚，否则不易炒熟，而且口感也很生硬。

胡萝卜炒玉米笋

烹饪时间：2分钟 | 适宜人群：儿童

🌶 原料

玉米笋160克，白菜梗40克，胡萝卜50克，彩椒20克，蒜末少许

🍲 调料

盐、鸡粉各2克，白糖、水淀粉、食用油各适量

🍴 做法

❶将玉米笋对半切开，白菜梗、彩椒切粗丝，胡萝卜去皮切条形。

❷锅中注水烧开，放入胡萝卜条，略煮一会儿，放入玉米笋。

❸焯煮一会儿，倒入白菜丝、彩椒丝，淋入少许食用油。

❹拌匀，煮至食材断生，捞出材料，沥干水分，待用。

❺用油起锅，撒上备好的蒜末，爆香。

❻倒入焯过水的食材，用大火炒匀。

❼加入适量盐、白糖、鸡粉。

❽倒入水淀粉炒入味，盛出装盘即成。

黄油豌豆炒胡萝卜

烹饪时间：3分钟 ｜ 适宜人群：一般人群

原料

胡萝卜150克，黄油8克，熟豌豆50克，鸡汤50毫升

调料

盐3克

制作指导

烹饪此菜时要不停翻转，以防炒煳。

✂ 做法

❶洗净去皮的胡萝卜切成片，再切成丝，备用。

❷锅置火上，倒入黄油，加热至其溶化。

❸放入切好的胡萝卜丝，炒匀。

❹倒入鸡汤，加入盐，炒匀。

❺放入熟豌豆，炒匀，盛出锅中的菜肴，装入盘中即可。

黄豆芽

别名	如意菜、豆芽菜、大豆芽。
性味	性凉，味甘。
归经	归脾、大肠经

✔ 适宜人群

胃中积热、高血压、癌症、癫痫、肥胖、便秘、痔疮患者，孕妇。

✘ 不宜人群

慢性腹泻、脾胃虚寒者。

营养功效

◎黄豆芽含有丰富的维生素C，能保护血管，调理心血管疾病。
◎黄豆芽中含有核黄素，可辅助治疗口腔溃疡。
◎黄豆芽富含膳食纤维，是便秘患者的健康蔬菜，对预防消化道癌症（食道癌、胃癌、直肠癌）有积极作用。

TIPS

①黄豆芽性寒，所以在烹饪时可以加点姜丝，中和它的寒性。
②烹饪黄豆芽时油、盐不宜太多，要尽量保持它清淡爽口的特性，下锅后要迅速翻炒，适当加些醋即可。

 食材清洗

①烧一锅热水，然后加入适量白醋。

②将豆芽放在热水中焯烫一下，捞出来。

③将豆芽放入盆里，加清水洗净，捞出沥干即可。

 食材加工

①取焯烫清洗过的黄豆芽，摆放整齐。

②把黄豆芽的根部切除。

③最后，装盘待用即可。

素炒黄豆芽

| 烹饪时间：2分钟 | 适宜人群：孕妇

🌶 原料

黄豆芽150克，青椒、红椒各40克，姜片、蒜末、葱段各适量

🍲 调料

盐、鸡粉各2克，料酒3毫升，水淀粉少许，食用油适量

🍴 做法

①洗好的红椒切段，再切开，去籽，改切成丝。

②洗好的青椒切段，再切开，去籽，改切成丝，备用。

③用油起锅，放入姜片、蒜末，爆香。

④倒入切好的青椒、红椒，放入洗好的豆芽，炒匀。

⑤放入盐、鸡粉，淋入料酒，翻炒至食材熟软、入味。

⑥用水淀粉勾芡，盛出炒好的菜肴，装入盘中即可。

制作指导

黄豆芽炒久了会变软，影响口感，可用大火快炒。

❶将洗净的小白菜切段，洗好的红椒去籽、切丝。

❷用油起锅，放入蒜末爆香，倒入黄豆芽，拌炒匀。

❸放入小白菜、红椒，炒至熟软。

❹加入适量盐、鸡粉，炒匀调味。

❺放入葱段、水淀粉，炒匀，炒出葱香味，将锅中材料盛出，装入盘中即可。

小白菜炒黄豆芽

▌烹饪时间：2分钟　▌适宜人群：老年人

🌶 原料

小白菜120克，黄豆芽70克，红椒25克，蒜末、葱段各少许

🍲 调料

盐2克，鸡粉2克，水淀粉、食用油各适量

制作指导

小白菜和黄豆芽不宜炒得过于熟软，以免营养流失，口感不佳。

醋香黄豆芽

┃ 烹饪时间：2分钟 ┃ 适宜人群：儿童

🌶 **原料**

黄豆芽150克，红椒40克，蒜末、葱段各
少许

🍲 **调料**

盐2克，陈醋4毫升，水淀粉、料酒、食用油
各适量

🍴 **做法**

❶将洗净的红椒去
籽，切丝。

❷锅中注水烧开，加
入食用油、黄豆芽，
焯煮至其八成熟。

❸将焯好的黄豆芽捞
出，沥干水分。

❹用油起锅，放入蒜
末、葱段，爆香。

❺放入黄豆芽、红
椒、料酒，炒香。

❻放入盐、陈醋，炒
匀调味。

❼倒入适量水淀粉。

❽将锅中食材炒匀，
把炒好的黄豆芽盛
出，装盘即可。

绿豆芽

别名	银芽、银针、绿豆菜。
性味	性凉，味甘。
归经	归胃、三焦经。

✔ 适宜人群

湿热郁滞、食少体倦、热病烦渴、大便秘结、小便不利、目赤肿痛、口鼻生疮等患者。

✘ 不宜人群

脾胃虚寒者。

营养功效

◎绿豆芽性凉，具有清暑祛热的功效，尤其适合夏季食用。
◎绿豆芽具有通经脉、解毒的功效。
◎绿豆芽可用于补肾、滋阴壮阳、美容养颜。

TIPS

①烹调绿豆芽切不可加碱，要加少量食醋，这样才能保持维生素 B_2 不减少。
②烧绿豆芽时，先加点黄油，然后再放盐，就能去掉豆腥味。

食材清洗

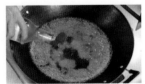
①烧一锅热水，然后加入适量的白醋。

②将绿豆芽放在热水中焯烫一下，捞出来。

③将豆芽洗净捞出沥水，装入盘中即可。

食材加工

①取焯烫清洗过的绿豆芽，切去根部。

②把绿豆芽切成段。

③把切好的绿豆芽装盘待用即可。

甜椒炒绿豆芽

■ 烹饪时间：2分钟 ■ 适宜人群：儿童

 原料

彩椒70克，绿豆芽65克

调料

水淀粉2毫升，盐、鸡粉、食用油各适量

做法

① 把洗净的彩椒切成丝，备用。

② 锅中倒入食用油，下入切好的彩椒。

③ 放入洗净的绿豆芽，炒至食材熟软。

④ 加入盐、鸡粉，炒匀调味。

⑤ 再倒入水淀粉。

⑥ 炒至食材入味，盛出装入盘中即可。

制作指导

炒制绿豆芽宜用大火快炒，这样炒出来的绿豆芽外形饱满，口感鲜嫩。

山楂银芽

| 烹饪时间：2分钟 | 适宜人群：儿童

 原料

山楂30克，绿豆芽70克，黄瓜120克，芹菜50克

 调料

白糖6克，水淀粉3毫升，食用油适量

做法

❶将洗净的芹菜切成段，将洗净的黄瓜切成丝。

❷锅中注入适量食用油烧热，倒入洗净的山楂，略炒片刻。

❸放入黄瓜丝，翻炒至熟软。

❹下入绿豆芽，翻炒均匀。

❺倒入切好的芹菜，炒匀。

❻加入适量白糖，炒匀调味。

❼倒入适量水淀粉。

❽炒至食材熟透，盛出装盘即可。

韭菜银芽炒木耳

| 烹饪时间：1分钟 | 适宜人群：男性

原料

韭菜100克，绿豆芽80克，水发木耳45克

调料

盐2克，鸡粉2克，料酒3毫升，食用油适量

制作指导

用淡盐水泡发木耳，可更轻松地清除杂质。

做法

❶将洗净的木耳切成粗丝，洗好的韭菜切成段。

❷锅中注水烧开，加入盐、木耳丝，略煮一会儿，捞出，沥干水分。

❸用油起锅，倒入木耳，放入韭菜段，炒至韭菜呈深绿色。

❹倒入洗净的绿豆芽，炒匀，淋上料酒，炒香。

❺加入盐、鸡粉，炒熟，盛出炒好的菜肴，装入盘中即成。

黄瓜

别名	青瓜、胡瓜、刺瓜、王瓜。
性味	性凉，味甘。
归经	归肺、胃、大肠经。

✔ 适宜人群

热病患者，肥胖、高血压、高血脂、水肿、癌症、嗜酒者及糖尿病患者。

✘ 不宜人群

脾胃虚弱、胃寒、腹痛腹泻、肺寒咳嗽者。

营养功效

◎黄瓜中含有丰富的维生素E，可起到延年益寿、抗衰老的作用。

◎黄瓜中所含的丙醇二酸，可抑制糖类物质转变为脂肪，有利于减肥强体。

◎黄瓜含有维生素B_1，对改善大脑和神经系统功能有利，能安神定志。

TIPS

①黄瓜中维生素较少，因此常吃黄瓜时应同时吃些其他的蔬果。

②黄瓜尾部含有较多的苦味素，苦味素有抗癌的作用，所以不要把黄瓜尾部全部丢掉。

食材清洗

①将黄瓜简单冲洗一下。

②加入少量盐，搅拌均匀，浸泡15分钟。

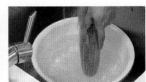
③用清水冲洗干净，沥干水后即可。

食材加工

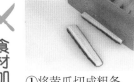
①将黄瓜切成粗条。

②将黄瓜条摆放整齐。

③用斜刀把黄瓜条切成菱形块。

家常小炒黄瓜

▍烹饪时间：2分钟　▍适宜人群：女性

🌶 原料

黄瓜110克，甜椒65克，蒜末、葱末各少许

🍲 调料

盐少许，鸡粉2克，生抽2毫升，水淀粉、食用油各适量

🍴 做法

❶将洗净的黄瓜去皮切块，洗好的甜椒切小块。

❷锅中注油烧热，倒入蒜末、葱末、黄瓜，拌炒片刻。

❸将甜椒倒入锅中，炒至食材混合均匀。

❹淋入清水，炒匀。

❺加入鸡粉、盐、生抽，拌炒至锅中食材完全熟透且入味。

❻加入水淀粉，炒匀，将炒好的甜椒和黄瓜盛入碗中即成。

制作指导

刚买回的黄瓜，最好先用淡盐水浸泡一会儿，以减少残留农药对人体的伤害。

❶将洗净的黄瓜去除瓜瓤，斜刀切段；洗好的西红柿切小瓣。

❷煎锅置火上，淋入少许橄榄油烧热。

❸倒入黄瓜段，炒匀炒透，放入切好的西红柿，翻炒至其变软，加入少许盐。

❹炒匀调味，再撒上备好的开心果仁。

❺炒一会儿，至食材入味，盛出炒好的菜肴，装在盘中即可。

开心果西红柿炒黄瓜

▌烹饪时间：2分钟 ▌适宜人群：女性

🌶 原料

开心果仁55克，黄瓜90克，西红柿70克

🍲 调料

盐2克，橄榄油适量

制作指导

开心果仁可先油炸后再使用，这样菜肴的味道更香脆。

清炒黄瓜片

| 烹饪时间：2分钟 | 适宜人群：老年人 |

🌶 原料

黄瓜170克，红椒25克，蒜末、葱段各少许

🍲 调料

盐、鸡粉各2克，水淀粉3毫升，食用油适量

🍴 做法

❶洗净去皮的黄瓜切小块，洗净的红椒切小块。

❷用油起锅，放入蒜末、红椒、黄瓜，翻炒匀。

❸放入适量盐、鸡粉，炒匀。

❹加入适量清水。

❺倒入适量水淀粉。

❻将锅中食材快速翻炒均匀。

❼放入备好的葱段。

❽再翻炒片刻至葱断生，盛出装盘即可。

丝瓜

别名	天丝瓜、布瓜、天罗、蜜瓜、天吊瓜、纯阳瓜、倒阳菜、絮瓜、蛮瓜、绵瓜。
性味	性凉，味甘。
归经	归肝、胃经。

✔ 适宜人群

月经不调者，身体疲乏、痰喘咳嗽、产后乳汁不通的女性。

✗ 不宜人群

体虚内寒、腹泻者。

💪 营养功效

◎丝瓜中含防止皮肤老化的B族维生素、增白皮肤的维生素C等成分，能保护皮肤、消除斑块，使皮肤洁白、细嫩。

◎丝瓜独有的干扰素诱生剂，可起到刺激肌体产生干扰素，起到抗病毒、防癌抗癌的作用。

◎丝瓜还含有皂苷类物质，具有一定的强心作用。

TIPS

①要使丝瓜不变色，先刮去外面的老皮，洗净后腌渍1～2分钟，用清水洗一下，再下锅炒，就能保持丝瓜青绿的色泽。

②丝瓜汁水丰富，宜现切现做，以免损失营养成分。

食材清洗

①将丝瓜放入淡盐水中，浸泡15分钟左右，洗净。

②用刮皮刀刮去表皮。

③将丝瓜放在流水下冲洗，沥干水分即可。

食材加工

①将丝瓜依次切成均匀的条状。

②将瓜条斜放好，将一端斜切整齐。

③依次斜切出均匀的菱形丁状。

西红柿炒丝瓜

▌烹饪时间：3分钟 ▌适宜人群：女性

🌶️ 原料

西红柿170克，丝瓜120克，姜片、蒜末、葱花各少许

🍲 调料

盐、鸡粉各2克，水淀粉3毫升，食用油适量

🍴 做法

①洗净去皮的丝瓜切小块；洗好的西红柿去蒂，切小块。

②用油起锅，放入姜片、蒜末、葱花，倒入丝瓜，炒匀。

③锅中倒入清水，放入西红柿，炒匀。

④加入盐、鸡粉，炒匀调味。

⑤倒入少许水淀粉。

⑥用锅铲快速翻炒匀，盛出装盘即可。

制作指导

烹饪丝瓜时，滴入少许白醋，可以保持其鲜绿的色泽。

松子炒丝瓜

| 烹饪时间：1分钟 | 适宜人群：男性

🌶 **原料**

胡萝卜片50克，丝瓜90克，松仁12克，姜末、蒜末各少许

🍲 **调料**

盐2克，鸡粉、水淀粉、食用油各适量

🍴 **做法**

①将洗净去皮的丝瓜切小块。

②锅中注水烧开，加入食用油、胡萝卜片，煮半分钟。

③倒入丝瓜，续煮片刻，至其断生。

④捞出胡萝卜和丝瓜，沥干水分。

⑤油爆姜末、蒜末，倒入胡萝卜和丝瓜，拌炒一会儿。

⑥加入盐、鸡粉。

⑦炒至全部食材入味，倒入水淀粉。

⑧翻炒匀，起锅，将炒好的菜肴盛入盘中，撒上松仁即可。

❶将洗净去皮的丝瓜切小块；洗好的彩椒去籽，切小块。

❷热锅注油，放入姜片、蒜末、葱段、彩椒、丝瓜，炒匀。

❸放入清水，炒至食材熟软。

❹加入盐、鸡粉、蚝油、水淀粉，炒匀。

蚝油丝瓜

▌烹饪时间：2分钟 ▌适宜人群：老年人

原料

丝瓜200克，彩椒50克，姜片、蒜末、葱段各少许

调料

盐2克，鸡粉2克，蚝油6克，水淀粉、食用油各适量

制作指导

丝瓜清甜脆嫩，炒制时蚝油不要加太多，以免影响成品口感。

❺将炒好的菜盛出，装入盘中即可。

苦瓜

别名	凉瓜、癞瓜、锦荔枝、癞葡萄。
性味	性寒、味苦。
归经	归心、肝、脾、胃经。

✔ 适宜人群

糖尿病、癌症、痱子患者。

✘ 不宜人群

脾胃虚寒者及孕妇。

💪 营养功效

◎苦瓜具有清热消暑、养血益气、补肾健脾、滋肝明目的功效，对治疗痢疾、疮肿、中暑发热、痱子过多、结膜炎等病有一定的功效。

◎苦瓜中的有效成分可以抑制正常细胞的癌变，促进突变细胞复原，具有一定的抗癌作用。

◎苦瓜中含有类似胰岛素的物质，有明显的降低血糖的作用。

TIPS

①将苦瓜切片后用开水焯烫一下再烹炒，也能降低苦味。

②在燥热的夏天，可以敷上冰过的苦瓜，能够快速解除皮肤的燥热，令身心凉爽。

食材清洗

①将苦瓜从中间切断。

②将苦瓜放入盆里，加清水、盐，浸泡10分钟。

③用毛刷刷洗苦瓜表面，冲洗干净即可。

食材加工

①将苦瓜纵向对半切，一分为二。

②用小勺将苦瓜的瓤刮除干净。

③将苦瓜切成半月形。

豆腐干炒苦瓜

▎烹饪时间：3分钟 ▎适宜人群：女性

🌶 **原料**

苦瓜250克，豆腐干100克，红椒30克，姜片、蒜末、葱白各少许

🍲 **调料**

盐、鸡粉各2克，白糖3克，水淀粉、食用油各适量

🍴 **做法**

❶将洗净的苦瓜切丝，豆腐干切粗丝，红椒切丝。

❷热锅注油，倒入豆腐干，搅动片刻，捞出，沥干油。

❸油爆姜片、蒜末、葱白，倒入苦瓜丝，炒匀。

❹加盐、白糖、鸡粉，注水，炒匀，放入豆腐干，炒匀。

❺撒上红椒丝，炒至断生。

❻倒入水淀粉，炒至食材熟透，盛出，放在盘中即成。

制作指导

豆腐干用小火炸一小会儿即可，以免将其炸老了。

❶将洗好的马蹄肉切薄片；洗净的苦瓜去除瓜瓤，切片。

❷把苦瓜片放入碗中，加盐拌至变软，腌渍20分钟。

❸锅中注水烧开，倒入苦瓜，煮断生，捞出，沥干水分。

❹用油起锅，下入蒜末，放入马蹄肉，翻炒几下。

❺倒入苦瓜炒断生，加盐、鸡粉、白糖、水淀粉、葱花炒断生，盛出装盘即成。

苦瓜炒马蹄

▊烹饪时间：2分钟　▊适宜人群：儿童

🌶 **原料**

苦瓜120克，马蹄肉100克，蒜末、葱花各少许

🍲 **调料**

盐3克，鸡粉2克，白糖3克，水淀粉、食用油各适量

制作指导

焯煮好的苦瓜用凉开水冲一下，既可以去除残留的苦味，又能使其味道更脆。

双菇炒苦瓜

烹饪时间：2分钟 ┃ 适宜人群：男性

🌶 **原料**

茶树菇100克，苦瓜120克，口蘑70克，胡萝卜片、姜片、蒜末、葱段各少许

🍶 **调料**

生抽3毫升，盐2克，鸡粉2克，水淀粉3毫升，食用油适量

🍴 **做法**

❶洗净的茶树菇切段，苦瓜切片，口蘑切片。

❷锅中注水烧开，放入食用油、苦瓜，搅匀，煮约1分钟。

❸放入茶树菇、口蘑，煮约半分钟。

❹倒入胡萝卜片，搅拌几下，略煮片刻。

❺把焯好的食材捞出，沥干水分。

❻油爆姜片、蒜末、葱段，倒入焯过水的食材，炒匀。

❼放入生抽、盐、鸡粉，炒匀调味，淋入水淀粉。

❽把锅内食材翻炒匀，盛出炒好的菜，装入盘中即可。

冬瓜

别名	白瓜、白冬瓜、东瓜、枕瓜、枕瓜、水芝、地芝、濮瓜。
性味	性微寒，味甘淡。
归经	归肺、大小肠、膀胱经。

✔ 适宜人群

心烦气躁、热病口干烦渴、小便不利者。

✘ 不宜人群

脾胃虚弱、肾脏虚寒、久病滑泄、阳虚肢冷者。

🫘 营养功效

◎冬瓜含维生素C较多，且钾盐含量高，纳盐含量较低，肾脏病、浮肿病等患者食之，可达到消肿而不伤正气的作用。

◎冬瓜中所含的丙醇二酸，能有效地抑制糖类转化为脂肪，加之冬瓜本身不含脂肪，热量不高，对于防止人体发胖具有重要意义，可以帮助体形健美。

◎中医学认为，冬瓜性寒味甘，能清热生津、解暑除烦，在夏日食用尤为适宜。

TIPS

①冬瓜是一种解热利尿比较理想的日常食物，连皮一起煮汤，效果更明显。

②瓜与肉煮汤时，冬瓜必须后放，然后用小火慢炖，这样可以防止冬瓜过熟过烂。

 食材清洗

①用削皮刀将冬瓜的外皮切去。

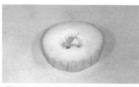
②用手将冬瓜中间的子掏干净。

③将处理好的冬瓜冲洗干净即可。

 食材加工

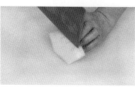
①将整块冬瓜一分为四，切成冬瓜片。

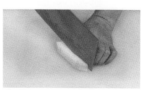
②将冬瓜片切成条。

③切好的冬瓜条叠放整齐，切成丁状。

虾皮炒冬瓜

烹饪时间：5分钟 ┃ 适宜人群：一般人群

原料

冬瓜170克，虾皮60克，葱花少许

调料

料酒、水淀粉各少许，食用油适量

做法

❶将洗净去皮的冬瓜切小丁块。

❷锅内倒入食用油，放入虾皮，拌匀。

❸淋入料酒，放入冬瓜，炒匀。

❹注入清水，炒匀。

❺盖上锅盖，煮3分钟至食材熟透。

❻揭开锅盖，倒入水淀粉，炒匀，盛出装盘，撒上葱花即可。

制作指导

冬瓜块不宜切得太大，否则不易熟透。

芥蓝炒冬瓜

▍烹饪时间：2分钟　　▍适宜人群：女性

🌶 原料

芥蓝80克，冬瓜100克，胡萝卜40克，木耳35克，姜片、蒜片、葱段各少许

🍲 调料

盐4克，鸡粉2克，料酒4毫升，水淀粉、食用油各适量

🍴 做法

❶胡萝卜切片，木耳切片，冬瓜去皮洗净切片，芥蓝切段。

❷锅中注水烧开，放入食用油、盐、木耳、胡萝卜，焯水。

❸再倒入冬瓜，拌匀，煮沸。

❹下入芥蓝，煮至全部食材断生，捞出锅中的材料。

❺油爆姜片、蒜末、葱段，倒入焯煮好的食材，炒片刻。

❻淋上适量料酒，加入盐、鸡粉，翻炒至入味。

❼倒入少许水淀粉，翻炒均匀。

❽快速翻炒至食材熟透，出锅，盛入盘中即成。

豆腐泡烧冬瓜

| 烹饪时间：12分钟 | 适宜人群：女性

原料

冬瓜200克，油豆腐75克，蒜末少许，鸡汤70毫升

调料

盐2克，鸡粉1克，水淀粉、食用油各适量

制作指导

加入的鸡汤可适量多一些，可使冬瓜的味道更鲜美。

❶将洗净去皮的冬瓜切小块，将油豆腐对半切开。

❷用油起锅，放入蒜末、冬瓜块炒匀，注入鸡汤，放入油豆腐，加盐，炒匀。

❸盖上盖，焖约10分钟，至食材熟透。

❹揭盖，加入鸡粉，炒匀调味。

❺用水淀粉勾芡，盛出焖煮好的菜肴，装入盘中即可。

土豆

别名	马铃薯、洋芋、馍馍蛋。
性味	性平，味甘。
归经	归胃、大肠经。

✔ 适宜人群

女性白带者、皮肤瘙痒者、急性肠炎患者、习惯性便秘者、皮肤湿疹患者、心脑血管疾病患者。

✘ 不宜人群

糖尿病患者、腹胀者。

 营养功效

◎土豆含有丰富的膳食纤维，有助促进胃肠蠕动，疏通肠道。

◎土豆中含有丰富的维生素B_1、维生素B_2、维生素B_6和泛酸等B族维生素，以及大量的优质纤维素，具有抗衰老的功效。

◎土豆中含有的抗菌成分，有助于预防胃溃疡。

TIPS

①食用时一定要去皮，特别是要削净已变绿的皮。

②土豆去皮以后，如果等待下锅，可以放入冷水中，再向水中滴几滴醋，可以保持外表洁白。

 食材清洗

①土豆放入盆中，注水，加盐，浸泡10分钟。

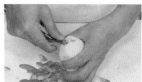
②刮去外皮，用小刀将土豆的凹眼处剜去。

③用流动水冲洗干净，沥干水。

 食材加工

①取去皮洗净的土豆，切成薄片。

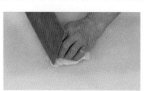
②将切好的薄片呈阶梯形摆放整齐。

③顶刀纵向切成细丝，装盘即可。

土豆烧苦瓜

| 烹饪时间：3分钟　| 适宜人群：男性

原料

土豆200克，苦瓜180克，彩椒40克，姜片、蒜末、葱花各少许

调料

盐3克，鸡粉2克，蚝油8克，生抽、水淀粉、食用油各适量

做法

❶将洗净的苦瓜切片，彩椒切小块，洗净去皮的土豆切片。

❷锅中注水烧开，加入食用油、盐，放入苦瓜，煮约1分钟。

❸倒入土豆，续煮至断生，捞出。

❹油爆姜片、蒜末，倒入焯过水的苦瓜和土豆，拌炒匀。

❺淋入清水，加入盐、鸡粉、蚝油，炒匀调味。

❻放入彩椒、生抽、水淀粉，炒匀，盛出装盘即成。

制作指导

要选用新鲜的土豆，皮色发青或有芽的土豆不能食用，以防中毒。

✖ 做法

① 把洗好的黄瓜切丝，去皮洗净的土豆切细丝。

② 锅中注水烧开，放入盐、土豆丝，煮断生，捞出沥干水分。

③ 用油起锅，下入蒜末、葱末，爆香，倒入黄瓜丝，炒至析出汁水。

④ 放入土豆丝，炒至全部食材熟透。

⑤ 加盐、鸡粉炒入味，淋入水淀粉勾芡，盛出装碗即成。

黄瓜炒土豆丝

■ 烹饪时间：2分钟　　■ 适宜人群：老年人

🌶 原料
土豆120克，黄瓜110克，葱末、蒜末各少许

🍲 调料
盐、鸡粉、水淀粉、食用油各适量

制作指导
黄瓜易熟，切丝时最好切得粗一些，这样菜肴的口感才好。

鱼香土豆丝

烹饪时间：2分钟 | **适宜人群：一般人群**

原料

土豆200克，青椒40克，红椒40克，葱段、蒜末各少许

调料

豆瓣酱15克，陈醋6毫升，白糖2克，盐、鸡粉、食用油各适量

做法

① 洗净去皮的土豆切片，再切成丝。

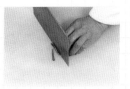

② 洗好的红椒切成段，再切开，去籽，改切成丝。

③ 洗净的青椒切成段，再切开，去籽，改切成丝，备用。

④ 用油起锅，放入蒜末、葱段，爆香。

⑤ 倒入土豆丝、青椒丝、红椒丝，快速翻炒均匀。

⑥ 加入适量豆瓣酱、盐、鸡粉。

⑦ 再放入少许白糖，淋入适量陈醋。

⑧ 快速翻炒至食材入味，盛出炒好的土豆丝，装入盘中即可。

茭白

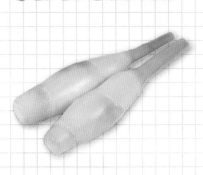

别名	茭瓜、茭笋、茭粑、茭儿菜、篙芭、菰笋、茭芦、茭耳菜、绿节。
性味	性微寒，味甘。
归经	归肝、脾、肺经。

✔ 适宜人群

高血压患者、黄胆肝炎患者、产后乳汁缺少的妇女、饮酒过量和酒精中毒的患者。

✘ 不宜人群

肾脏疾病、尿路结石或尿中草酸盐类结晶较多者。

🍗 营养功效

◎茭白甘寒，性滑而利，夏季食用尤为适宜，可清热通便、除烦解酒，还能解除酒毒，治酒醉不醒。

◎茭白能退黄疸，对于黄疸型肝炎有益。

◎茭白中含有豆醇，能清除体内的活性氧，抑制酪氨酸酶活性，从而阻止黑色素生成；它还能软化皮肤表面的角质层，使皮肤润滑细腻。

TIPS

①茭白以春夏季的质量最佳，营养功效相对好一些。

②如发生茭白黑心，是品质粗老的表现，不要食用。

食材清洗

①先将备好的茭白根部老皮削掉。

②将茭白置于盆中。

③放在流水下，边洗边将头部的外皮剥去。

食材加工

①将茭白纵向对半切开，再一分为二。

②将茭白切面重合，把不规则的部分切除。

③斜刀将茭白切成菱形块，装盘。

茄汁茭白

▌烹饪时间：3分钟 ▌适宜人群：儿童

🌶 原料

茭白100克，胡萝卜30克，青豆70克，玉米粒70克，姜片、蒜末、葱段各少许

🍲 调料

盐3克，鸡粉2克，番茄酱20克，水淀粉、料酒各5毫升，食用油适量

🍴 做法

❶洗好的胡萝卜去皮，切成丁；洗净的茭白切丁。

❷将青豆、玉米粒、茭白、胡萝卜焯煮约1分钟。

❸把焯煮好的材料捞出，沥干水分，装入盘中。

❹用油起锅，倒入葱段、姜片、蒜末、番茄酱，炒匀。

❺倒入焯过水的材料，炒匀。

❻加盐、鸡粉、料酒、水淀粉炒匀，盛出装盘即可。

制作指导

茭白焯煮的时间不宜过长，以免影响口感。

小白菜炒茭白

| 烹饪时间：3分钟 | 适宜人群：一般人群

原料

小白菜120克，茭白85克，彩椒少许

调料

盐3克，鸡粉2克，料酒4毫升，水淀粉、食用油各适量

做法

❶洗净的小白菜放入盘中，撒上盐，搅拌至盐分溶化。

❷再腌渍至其变软，切长段；洗净的茭白、彩椒切粗丝。

❸用油起锅，倒入茭白，炒出水分。

❹放入彩椒丝，加入少许盐、料酒。

❺炒匀，倒入切好的小白菜。

❻用大火炒匀，至食材变软，加入鸡粉。

❼炒匀调味，用水淀粉勾芡。

❽盛出炒好的菜肴，装入盘中即可。

虫草花炒茭白

┃烹饪时间：3分钟　┃适宜人群：女性

🌶️ 原料

茭白120克，肉末55克，虫草花30克，彩椒35克，姜片少许

🍲 调料

盐2克，白糖、鸡粉各3克，料酒7毫升，水淀粉、食用油各适量

制作指导

虫草花可用温水泡一会儿再洗，这样更容易去除杂质。

🍴 做法

❶洗净去皮的茭白切粗丝，洗好的彩椒切粗丝。

❷锅中注水烧开，倒入洗净的虫草花。

❸放入茭白丝，淋入料酒，倒入彩椒丝，加食用油，煮断生，捞出，沥干水分。

❹起油锅，倒入肉末炒匀，撒上姜片，淋入料酒，倒入焯过水的材料，炒至熟软。

❺加盐、白糖、鸡粉、水淀粉炒入味，盛出即成。

西红柿

别名	番茄、番柿、六月柿、洋海椒、毛腊果。
性味	性凉，味甘、酸。
归经	归肝、胃，肺经。

✔ 适宜人群

热性病发热、口渴、食欲不振、习惯性牙龈出血、贫血、头晕、心悸、高血压、急慢性肝炎、急慢性肾炎、夜盲症和近视眼者。

✖ 不宜人群

急性肠炎、菌痢者及溃疡活动期患者。

营养功效

◎西红柿富含抗氧化剂，可以防止自由基对皮肤的破坏，具有明显的美容抗皱的效果。

◎西红柿所含苹果酸、柠檬酸等有机酸，能促使胃液分泌，加强对脂肪及蛋白质的消化。

◎西红柿性凉味甘酸，有清热生津、养阴凉血的功效，对发热烦渴、口干舌燥、牙龈出血、胃热口苦、虚火上升有较好的治疗效果。

TIPS

①把开水浇在西红柿上，或者把西红柿放入开水里焯一下，西红柿的皮就能很容易地被剥掉了。

②把西红柿先放入冰箱冻10分钟，然后拿刀切成片或者块，这样营养不会流失。

食材清洗

①西红柿放入盆中，加入水和盐，浸泡几分钟。

②用手搓洗西红柿表面，并摘除蒂头。

③用清水冲洗2～3遍，沥干水分即可。

食材加工

①将西红柿一分为二。

②取其中的一半，沿着蒂部切斜小块。

③将西红柿滚动着继续斜切成小块即可。

西红柿炒口蘑

▌烹饪时间：2分钟 ▌适宜人群：老年人

🌶️ 原料

西红柿120克，口蘑90克，姜片、蒜末、葱段各适量

🍲 调料

盐4克，鸡粉2克，水淀粉、食用油各适量

🍴 做法

❶将洗净的口蘑切片；洗好的西红柿去蒂，切小块。

❷锅中注水烧开，放入盐、口蘑，煮1分钟至熟。

❸把焯过水的口蘑捞出，沥干水分。

❹用油起锅，放入姜片、蒜末，爆香。

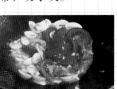

❺倒入切好的口蘑，拌炒匀，加入西红柿，炒匀。

❻放入盐、鸡粉、水淀粉炒匀，盛出装盘，放上葱段即可。

制作指导

选用外形圆润、皮薄有弹性、颜色比较红的西红柿，这样炒出来的成菜口感会更佳。

① 将洗净的西红柿切小瓣，再切成小块，去皮洗好的丝瓜切滚刀块。

② 锅置火上，淋入橄榄油，倒入丝瓜块，炒至变软。

③ 放入切好的西红柿，炒匀。

④ 加入盐、白糖、鸡粉、水淀粉，炒匀。

⑤ 放入洗净的荔枝肉，炒匀，盛出菜肴，装入盘中即成。

🍴 做法

荔枝西红柿炒丝瓜

▌烹饪时间：2分钟　▌适宜人群：女性

🌶 原料

荔枝肉110克，西红柿60克，丝瓜130克

🍲 调料

盐、鸡粉各2克，白糖少许，水淀粉、橄榄油各适量

制作指导

橄榄油不宜用得太多，以免丢失了菜肴的风味。

西红柿炒冻豆腐

▌烹饪时间：2分钟　▌适宜人群：老年人

🌶 **原料**

冻豆腐200克，西红柿170克，姜片、葱花各少许

🍲 **调料**

盐、鸡粉各2克，白糖少许，食用油适量

🍴 **做法**

❶把洗净的冻豆腐掰开，撕成碎片。

❷洗好的西红柿切成小瓣。

❸锅中注入适量清水烧开，放入冻豆腐，拌匀。

❹煮约1分钟，捞出材料，沥干水分。

❺用油起锅，撒上姜片，爆香，倒入西红柿瓣。

❻快速翻炒至其析出水分，倒入豆腐。

❼翻炒匀，加入盐、白糖、鸡粉。

❽炒至食材熟软，盛出，装入盘中，撒上葱花即可。

洋葱

别名	葱头、球葱、圆葱、玉葱、荷兰葱。
性味	性温，味甘、微辛。
归经	归肝、脾、胃、肺经。

✔ 适宜人群

高血压、高血脂、动脉硬化、糖尿病、癌症、急慢性肠炎、痢疾等病症患者以及消化不良、饮食减少和胃酸不足者。

✘ 不宜人群

皮肤瘙痒性疾病、眼疾以及胃病、肺胃发炎者、热病患者。

🫘 营养功效

◎洋葱是为数不多的含前列腺素A的植物之一，是天然的血液稀释剂，能扩张血管、降低血液黏度，从而能预防血栓发生。

◎洋葱能帮助细胞更好地分解葡萄糖，同时降低血糖，是糖尿病、神志萎顿患者的食疗佳蔬。

TIPS

①将切碎的洋葱放置于枕边，其气味会发挥镇静神经、诱人入眠的神奇功效。

②将切好的洋葱蘸点干面粉，炒熟后就色泽金黄，质地脆嫩，味美可口。

 食材清洗

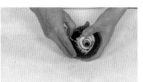 ①将浸泡好的洋葱捞出，切去两头。

②剥去外面的老皮。

 ③用流水冲洗干净，沥干水后即可。

 食材加工

 ①将整个洗净去皮的洋葱对半切开。

 ②把洋葱一片一片剥开。

 ③将洋葱片切成条状，直至切完即可。

洋葱炒豆皮

烹饪时间：2分钟　　适宜人群：男性

🌶 原料

豆腐皮230克，彩椒50克，洋葱70克，瘦肉130克，葱段少许

🍲 调料

盐4克，生抽13毫升，料酒10毫升，芝麻油2毫升，水淀粉9毫升，食用油适量

🍴 做法

①洗净的彩椒切丝，去皮洗净的洋葱切丝，豆腐皮切条。

②瘦肉切丝，加盐、生抽、水淀粉、食用油腌渍入味。

③豆皮焯水后捞出，沥干水分。

④锅中倒入食用油，放入瘦肉丝，翻炒至变色。

⑤加入料酒、洋葱、彩椒、盐、生抽，翻炒匀。

⑥倒入豆腐皮、葱段、水淀粉、芝麻油炒匀，盛出即可。

制作指导

炒豆皮时要边炒边把豆皮抖散，否则豆皮不易入味。

✕🍴 做法

❶洋葱洗净切片，剥成圈状，装盘待用。

❷鸡蛋打入碗中，打散，制成蛋液，加入生粉，拌匀成蛋糊。

❸在洋葱圈上撒少许生粉，拌匀，依次粘上蛋糊、面包糠。

❹热锅中注油，烧至六成热，倒入洋葱圈，用小火炸至金黄色后捞出，沥干油。

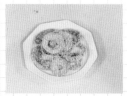

❺另取一盘，放入炸好的洋葱圈，摆放好即可。

炸洋葱圈

▎烹饪时间：3分钟　▎适宜人群：一般人群

🌶 原料

洋葱270克，鸡蛋1个，面包糠150克

🍲 调料

生粉适量，食用油少许

制作指导

洋葱圈最好切得厚薄均匀，这样有利于熟透，菜品也更美观。

西红柿炒洋葱

▌烹饪时间：2分钟 ▌适宜人群：男性

🌶 原料

西红柿100克，洋葱40克，蒜末、葱段各少许

🍲 调料

盐2克，鸡粉、水淀粉、食用油各适量

🍴 做法

❶将洗净的西红柿切小块，去皮洗净的洋葱切小片。

❷用油起锅，倒入蒜末，爆香。

❸放入洋葱片，快速炒出香味。

❹倒入西红柿，翻炒至其析出水分。

❺加入盐，翻炒匀，再放入鸡粉。

❻翻炒片刻，至食材断生。

❼倒入水淀粉，炒至食材熟软。

❽盛出炒好的食材，装入盘中，撒上葱段即成。

茄子

别名	矮瓜、昆仑瓜、落苏、酪酥。
性味	味甘、性凉。
归经	归脾、胃、大肠经。

✔ 适宜人群

发热、咯血、便秘、高血压、动脉硬化、坏血病、眼底出血、皮肤紫斑症等容易内出血的人。

✘ 不宜人群

虚寒腹泻、皮肤疮疡、目疾患者以及孕妇。

💪 营养功效

◎茄子含丰富的维生素P，这种物质能增强人体细胞间的附着力，增强毛细血管的弹性，减低毛细血管的脆性及渗透性，防止微血管破裂出血，使心血管保持正常的功能。

◎茄子含有龙葵碱，能抑制消化系统肿瘤的增殖，对于防治胃癌有一定效果。

◎茄子含有维生素E，有防止出血和抗衰老功能，对延缓人体衰老具有积极的意义。

TIPS
①切开的茄子可用清水浸泡，烹制前再捞出来，这样可以防止茄子变黑。
②茄子皮营养丰富，在烹饪茄子时，可不去皮。

食材清洗

①将茄子放入盆中，加水和食盐，浸泡10分钟。

②将茄子搓洗一下，去掉蒂，削皮。

③用清水冲洗干净，沥干水后即可。

食材加工

①将洗净去皮的茄子切去尾部，切成两截。

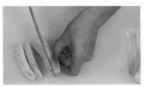

②将茄子切成粗条状。

③将粗条摆放整齐，并将其一端对齐，切成丁状。

青椒炒茄子

▍烹饪时间：2分钟　▍适宜人群：一般人群

🌶 原料

青椒50克，茄子150克，姜片、蒜末、葱段各少许

🍲 调料

盐2克，鸡粉2克，生抽、水淀粉、食用油各适量

🍴 做法

❶将洗净的茄子去皮，切片；洗好的青椒去籽，切小块。

❷锅中注水烧开，加入食用油，放入茄子，煮沸。

❸倒入青椒，煮片刻至断生，捞出。

❹油爆姜片、蒜末、葱段，倒入青椒和茄子，炒匀。

❺加入鸡粉、盐、生抽，炒匀调味。

❻倒入水淀粉，炒匀，把炒好的食材盛出，装入盘中即成。

制作指导

烹饪此菜时，加入少许醋能使茄子的口感更佳。

青豆烧茄子

| 烹饪时间：1分钟 | 适宜人群：孕妇

 原料

青豆200克，茄子200克，蒜末、葱段各少许

调料

盐3克，鸡粉2克，生抽6毫升，水淀粉、食用油各适量

做法

❶洗净的茄子切成小丁块。

❷锅中注水烧开，加盐、食用油、青豆，拌匀，煮约1分钟。

❸捞出焯煮好的青豆，沥干水分。

❹热锅注油，烧至五成热，倒入茄子丁，拌匀。

❺炸至微黄，捞出，沥干油，锅底留油，放入蒜末、葱段。

❻倒入青豆，再放入茄子丁，炒匀。

❼加入适量盐、鸡粉，炒匀。

❽淋入生抽、水淀粉，炒至食材熟透，盛出装盘即成。

❶青茄子切滚刀块，西红柿切小块，青椒切小块。

❷起油锅，倒入茄子、青椒块，炸出香味，捞出。

❸用油起锅，倒入花椒、蒜末爆香。

❹倒入炸过的食材，放入切好的西红柿，炒出水分。

❺加入盐、白糖、鸡粉、水淀粉，炒至食材入味即成。

西红柿青椒炒茄子

▌烹饪时间：1分30秒　　▌适宜人群：女性

原料

青茄子120克，西红柿95克，青椒20克，花椒、蒜末各少许

调料

盐2克，白糖、鸡粉各3克，水淀粉、食用油各适量

制作指导

青椒炸至其呈虎皮状即可，不宜时间太长。

四季豆

别名	菜豆、芸豆、刀豆。
性味	性平，味甘。
归经	归脾、胃经。

✔ 适宜人群

心脏病、动脉硬化、高血脂、低血钾和忌盐患者。

✘ 不宜人群

有消化功能不良、慢性消化道疾病者。

💪 营养功效

◎四季豆中含有可溶性纤维，可降低血胆固醇浓度，非常适合高血脂患者食用。

◎四季豆含有皂苷、尿毒酶和多种球蛋白等独特成分，能增加机体的抗病能力。

◎四季豆中的皂苷类物质能降低机体对脂肪的吸收，促进脂肪代谢，起到排毒瘦身的功效。

TIPS

①烹调前应将豆筋择除，否则既影响口感，又不易消化。

②为防止中毒发生，扁豆食前应用沸水焯透或热油煸，直至变色熟透，方可安全食用。

 食材清洗

①将四季豆放盆里，加清水、食盐，浸泡20分钟。

②将浸泡好的四季豆掐除头、尾。

③用清水冲洗2～3遍，沥干水即可。

 食材加工

①取洗净的四季豆，整齐地放在砧板上。

②把头部切除。

③在1/3处切段，将剩下的四季豆再切成两段即可。

虾仁四季豆

▌烹饪时间：2分钟 ▌适宜人群：儿童

🌶 原料

四季豆200克，虾仁70克，姜片、蒜末、葱白各少许

🍲 调料

盐4克，鸡粉3克，料酒4毫升，水淀粉、食用油各适量

🍴 做法

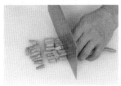

❶把洗净的四季豆切段；洗好的虾仁由背部切开，去除虾线。

❷虾仁中加盐、鸡粉、水淀粉、食用油，腌渍10分钟。

❸锅中注水烧开，加油、盐、四季豆，焯煮断生，捞出。

❹用油起锅，放入姜片、蒜末、葱白、虾仁，炒匀。

❺放入四季豆、料酒，炒香。

❻加盐、鸡粉、水淀粉，炒匀，将炒好的菜盛出，装盘即可。

制作指导

处理虾时，使用牙签插入虾背第二节，划开后可直接挑出虾线；或是剪掉头尾，用手挤出虾线和脏东西。

做法

❶洗净的四季豆去除头尾，切小段，洗好的红椒切小块。

❷锅中注水烧开，加盐、油、四季豆，焯煮熟，捞出。

❸用油起锅，倒入花椒、干辣椒、葱段、姜末，爆香。

❹放入红椒、四季豆，炒匀。

❺加盐、料酒、鸡粉、生抽、豆瓣酱、水淀粉，炒入味，盛出装盘即可。

椒麻四季豆

▌烹饪时间：2分钟 ▌适宜人群：一般人群

🌶 原料

四季豆200克，红椒15克，花椒、干辣椒、葱段、蒜末各少许

🍲 调料

盐、鸡粉、生抽、料酒、豆瓣酱、水淀粉、食用油各适量

制作指导

四季豆烹饪的时间宜长不宜短，要保证其熟透，否则有可能中毒。

鱿鱼须炒四季豆

▎烹饪时间：3分钟 ▎适宜人群：一般人群

🌶 原料

鱿鱼须200克，四季豆300克，彩椒适量，姜片、葱段各少许

🍲 调料

盐3克，白糖2克，料酒6毫升，鸡粉2克，水淀粉3毫升，食用油适量

🍴 做法

❶洗好的四季豆切小段，彩椒切粗条，处理好的鱿鱼须切段。

❷锅中注入清水，加入盐、四季豆，煮至断生。

❸将焯煮好的四季豆捞出，沥干水分。

❹倒入鱿鱼须，搅匀，汆去杂质。

❺将鱿鱼捞出，沥干水分，待用。

❻热锅注油，倒入姜片、葱段、鱿鱼，翻炒匀。

❼放入料酒、彩椒、四季豆，炒匀。

❽加盐、白糖、鸡粉、水淀粉炒入味，盛出装盘即可。

莴笋

别名	莴苣、白苣、莴菜、千金菜。
性味	性凉，味甘、苦。
归经	归胃、膀胱经。

✔ 适宜人群

小便不通、尿血、水肿、糖尿病、肥胖、神经衰弱症、高血压、心律不齐、失眠患者；妇女产后缺奶或乳汁不通者。

✘ 不宜人群

多动症儿童，眼病、痛风、脾胃虚寒、腹泻便溏者。

 营养功效

◎莴笋中含有胰岛素的激活剂——烟酸，糖尿病人经常吃莴苣，可改善糖的代谢功能。

◎莴苣中含有一定量的微量元素锌、铁，特别是铁元素，很容易被人体吸收，经常食用新鲜莴苣，可以防治缺铁性贫血。

◎莴笋有增进食欲、刺激消化液分泌、促进胃肠蠕动等功能。

TIPS

将买来的莴笋放入盛有凉水的器皿内，一次可放几棵，水淹至莴笋主干1/3处，放置室内3～5天，叶子仍呈绿色，莴笋主干仍很新鲜，削皮后炒吃仍鲜嫩可口。

 食材清洗

①将莴笋的皮削掉，再切除根部，切成两截。

②放进淡盐水中，浸泡10分钟左右。

③捞起后用清水冲洗2～3遍，沥干水备用即可。

 食材加工

①取一截洗净削皮的莴笋，从中间切成两截。

②从切口处用斜刀切片。

③再将整截莴笋切成薄片即可。

腐竹香干炒莴笋

▍烹饪时间：3分钟 ▍适宜人群：老年人

🌶️ 原料

莴笋100克，香干90克，红椒30克，水发
腐竹150克，姜片、蒜末、葱段各少许

🍲 调料

鸡粉4克，盐2克，生抽4毫升，豆瓣酱10
克，水淀粉3毫升，食用油适量

🍴 做法

①洗好去皮的莴笋切
片；红椒去籽，切小
块；把香干切片。

②锅中注水烧开，加
鸡粉、食用油、莴
笋、腐竹，煮1分钟。

③把焯煮好的莴笋和
腐竹捞出，沥干水
分，备用。

④用油起锅，放入姜
片、蒜末、葱段、香
干、红椒块，炒匀。

⑤放入腐竹、莴笋、
生抽、鸡粉、盐、豆
瓣酱，炒匀。

⑥加入水淀粉，炒
匀，盛出炒好的食
材，装入盘中即可。

制作指导

选购莴笋的时候，应选择茎粗大、肉质细
嫩、多汁新鲜、无枯叶、无空心、中下部
稍粗或成棒状、叶片不弯曲、无黄叶、不
发蔫的。这样的莴笋口感比较脆嫩。

青椒炒莴笋

| 烹饪时间：2分钟 | 适宜人群：老年人

🌶️ 原料

青椒50克，莴笋160克，红椒30克，姜片、蒜末、葱末各少许

🍲 调料

盐、鸡粉各2克，水淀粉、食用油各适量

🍴 做法

①将洗净去皮的莴笋切细丝。

②洗好的青椒去籽，切丝。

③洗净的红椒切丝。

④锅中注油烧热，放入姜片、蒜末、葱末，爆香。

⑤倒入莴笋丝，快速翻炒一会儿，至食材变软。

⑥加入盐、鸡粉，炒匀调味。

⑦放入青椒、红椒，炒匀。

⑧倒入水淀粉，炒至食材熟透，盛出装盘即成。

① 将洗净的蒜苗切段，彩椒切丝，将洗净去皮的莴笋切丝。

② 锅中注水烧开，放入食用油、盐、莴笋丝煮断生，捞出。

③ 用油起锅，放入蒜苗、莴笋丝，炒匀。

④ 加入彩椒、盐、鸡粉、生抽，炒匀。

蒜苗炒莴笋

▌烹饪时间：2分钟 ▌适宜人群：一般人群

原料

蒜苗50克，莴笋180克，彩椒50克

调料

盐3克，鸡粉2克，生抽、水淀粉、食用油各适量

制作指导

焯莴笋时一定要注意时间和温度，焯的时间过长、温度过高会使莴笋绵软，失去清脆的口感。

⑤ 倒入水淀粉，炒匀，将炒好的食材盛出，装入盘中即可。

芦笋

别名	青芦笋、石刁柏。
性味	性凉，味苦、甘。
归经	归肺经。

✔ 适宜人群

高血压、高脂血症、癌症、动脉硬化患者，体质虚弱、气血不足、营养不良、贫血、肥胖、习惯性便秘者及肝功能不全、肾炎水肿、尿路结石者。

✘ 不宜人群

痛风患者。

🫘 营养功效

◎芦笋中含有丰富的抗癌元素之王——硒，能阻止癌细胞分裂与生长，几乎对所有的癌症都有一定的疗效。

◎芦笋能清热利尿，易上火、患有高血压的人群多食好处极多。

◎芦笋叶酸含量较多，孕妇经常食用芦笋，有助于胎儿大脑发育。

TIPS

①芦笋虽好，但不宜生吃，也不宜存放一周以上才吃，而且应低温避光保存。

②芦笋中的叶酸很容易被破坏，所以若用来补充叶酸，应避免高温烹煮，最佳的食用方法是用微波炉小功率热熟。

食材清洗

①将芦笋放入淡盐水中，浸泡15分钟左右。

②用手抓洗芦笋。

③将芦笋放在流水下冲洗，沥干水分即可。

食材加工

①取洗净的芦笋，将芦笋尖切下来。

②将芦笋尖切整齐。

③依此方法，将所有的芦笋都切成段状即可。

芦笋煨冬瓜

▌烹饪时间：3分钟 ▌适宜人群：一般人群

原料

冬瓜230克，芦笋130克，蒜末、葱花各少许

调料

盐1克，鸡粉1克，水淀粉、芝麻油、食用油各适量

做法

①洗净的芦笋用斜刀切段；洗好去皮的冬瓜去瓤，切小块。

②锅中注水烧开，倒入冬瓜块，加入食用油，煮约半分钟。

③倒入芦笋段，煮至食材断生，捞出，沥干水分。

④用油起锅，放入蒜末，倒入焯过水的材料，炒匀。

⑤加盐、鸡粉、清水，煮至食材熟软，倒入水淀粉勾芡。

⑥淋入芝麻油，炒至食材入味，盛出锅中的食材即可。

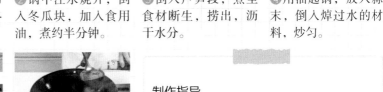

制作指导

焯煮芦笋时加点食用油，可防止芦笋变黄。

✖🍴 **做法**

❶将洗净的芦笋去皮，切段；洗好去皮的莲藕切丁；洗净的胡萝卜去皮，切丁。

❷锅中注入清水烧开，加入盐、藕丁。

❸放入胡萝卜，煮至其八成熟，捞出。

❹用油起锅，放入蒜末、葱段，放入芦笋、藕丁、胡萝卜丁，炒匀。

❺加盐、鸡粉，水淀粉拌匀，把炒好的菜盛出，装盘即可。

芦笋炒莲藕

▌烹饪时间：2分钟　▌适宜人群：女性

🌶 **原料**

芦笋100克，莲藕160克，胡萝卜45克，蒜末、葱段各少许

🍲 **调料**

盐3克，鸡粉2克，水淀粉3毫升，食用油适量

制作指导

焯煮莲藕时，可以放入少许白醋，以免藕片氧化变黑，影响成品外观。

芦笋炒百合

┃烹饪时间：1分钟　┃适宜人群：男性

🌶️ **原料**

芦笋110克，彩椒50克，鲜百合45克，姜片、葱段各少许

🍲 **调料**

盐3克，鸡粉2克，料酒4毫升，水淀粉、食用油各适量

🍴 **做法**

❶将洗净去皮的芦笋切小段，洗好的彩椒切小块。

❷锅中注水烧开，放入食用油、盐、芦笋段、彩椒块，略煮。

❸再倒入百合，续煮至全部食材断生后捞出，沥干水分。

❹用油起锅，放入姜片、葱段、彩椒，翻炒匀。

❺倒入备好的芦笋段，拌匀。

❻加入百合，搅拌。

❼淋入料酒，加入鸡粉、盐，炒匀。

❽倒入水淀粉炒入味，盛出炒好的食材，装在盘中即成。

PART 2　菌蔬小炒　105

莲藕

别名	藕、藕节、湖藕、果藕、菜藕、荷藕、水鞭蓉、光旁。
性味	性凉，味辛、甘。
归经	归肺、胃经。

✔ 适宜人群

体弱多病、营养不良、高热病人、吐血者以及高血压、肝病、食欲不振、铁性贫血者。

✘ 不宜人群

脾胃消化功能低下、大便溏泄者及产妇。

营养功效

◎莲藕含有鞣质，有一定的健脾止泻作用，能增进食欲、促进消化、开胃健中，有益于胃纳不佳、食欲不振者恢复健康。

◎莲藕富含铁、钙等微量元素，植物蛋白质、维生素以及淀粉含量也很丰富，有明显的补益气血、增强人体免疫力的作用。

TIPS

①藕可生食、烹食、捣汁饮，或晒干磨粉煮粥。熟食适用于炒、炖、炸及作菜肴的配料。
②煮藕时忌用铁器，以免引起食物发黑。

食材清洗

①将藕节切去，用削皮刀将藕皮削去。

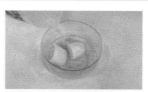
②切成两截，放进小盆里，注入适量的清水。

③将莲藕的窟窿逐个捅一捅，清洗，沥干即可。

食材加工

①取洗净去皮的莲藕，顶刀切成厚片。

②切好的莲藕厚片叠放在一起，切成粗条。

③将莲藕粗条平放整齐，一端对齐放好，切成丁。

酱爆藕丁

▌烹饪时间：2分钟 ▌适宜人群：一般人群

🌶 原料

莲藕丁270克，甜面酱30克，熟豌豆50克，熟花生米45克，葱段、干辣椒各少许

🍲 调料

盐2克，鸡粉少许，食用油适量

🍴 做法

①锅中注入适量清水烧开，倒入莲藕丁，拌匀。

②煮约1分钟，至其断生后捞出，沥干水分，待用。

③用油起锅，撒上葱段、干辣椒，爆香。

④倒入焯过水的藕丁，炒匀，注入少许清水。

⑤放入甜面酱，炒匀，加入少许白糖、鸡粉。

⑥炒至食材入味，盛出装盘，撒上熟豌豆、熟花生米即可。

制作指导

豌豆可用油炸熟，能给菜肴增添风味。

莲藕炒秋葵

烹饪时间：2分钟 ┃ 适宜人群：一般人群

🌶 **原料**

去皮莲藕250克，去皮胡萝卜150克，秋葵50克，红彩椒10克

🍲 **调料**

盐2克，鸡粉1克，食用油5毫升

🍴 **做法**

❶洗净的胡萝卜切片，莲藕切片，红彩椒切片，秋葵切片。

❷锅中注水烧开，加入油、盐，拌匀。

❸倒入胡萝卜、莲藕，拌匀。

❹放入红彩椒、秋葵，拌匀。

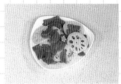

❺焯煮至食材断生，捞出，沥干水。

❻用油起锅，倒入焯好的食材。

❼用锅铲翻炒均匀。

❽加入盐、鸡粉，炒匀，盛出炒好的菜肴，装盘即可。

糖醋菠萝藕丁

| 烹饪时间：2分钟 | 适宜人群：一般人群

🌶 原料

莲藕100克，菠萝肉150克，豌豆30克，枸杞、蒜末、葱花各少许

🍲 调料

盐2克，白糖6克，番茄酱25克，食用油适量

制作指导

菠萝去皮后可以放在淡盐水里浸泡一会儿，可去除其涩味。

🍴 做法

❶ 处理好的菠萝肉切丁，洗净去皮的莲藕切丁。

❷ 锅中注水烧开，加入油、藕丁、盐，搅匀，氽煮半分钟。

❸ 倒入洗净的豌豆、菠萝丁，煮至断生，捞出，沥干水分。

❹ 用油起锅，倒入蒜末，倒入焯过水的食材，加入白糖、番茄酱，炒至食材入味。

❺ 撒入枸杞、葱花，炒香，盛出，装入盘中即可。

山药

别名	淮山、薯蓣、怀山药、淮山药、土薯、山薯、玉延。
性味	性平，味甘。
归经	归肺、脾、肾经。

✔ **适宜人群**

糖尿病腹胀、病后虚弱、慢性肾炎、长期腹泻者。

✘ **不宜人群**

大便燥结者。

营养功效

◎山药含有淀粉酶、多酚氧化酶等物质，有利于脾胃的消化、吸收功能，是一味平补脾胃的药食两用之品。

◎山药含皂苷、黏液质，有润滑、滋润的作用，可益肺气、养肺阴，辅助治疗肺虚痰嗽久咳之症。

TIPS

①山药切片后需立即浸泡在盐水中，以防止氧化发黑。
②山药不要生吃，因为生的山药里有一定的毒素。山药也不可与碱性药物同服。

食材清洗

①将山药洗净，用刮皮刀将山药表皮刮除。

②将山药放在盆里，加水、盐，浸泡15分钟。

③将山药放在流水下冲洗，沥干水分即可。

食材加工

①取一块洗净的山药，从中间切开成厚块状。

②将山药厚块依次切成均匀的条状。

③将山药条摆放整齐，用刀切成丁状。

彩椒玉米炒山药

| 烹饪时间：2分钟 | 适宜人群：男性

🌶 原料

鲜玉米粒60克，彩椒25克，圆椒20克，山药120克

🍲 调料

盐2克，白糖2克，鸡粉2克，水淀粉10毫升，食用油适量

🍴 做法

❶洗净的彩椒切块，洗好的圆椒切块，洗净去皮的山药切丁。

❷锅中注入清水烧开，倒入玉米粒，煮片刻。

❸放入山药、彩椒、圆椒。

❹加入食用油、盐，拌匀，煮至断生，捞出，沥干水分。

❺用油起锅，倒入焯过水的食材，炒匀。

❻加盐、白糖、鸡粉、水淀粉，炒匀，盛出即可。

制作指导

若没有新鲜玉米，可选用罐装的甜玉米粒，口感也很好。

🍴 做法

① 将山药切块状，西红柿切小瓣，大蒜切片，大葱切段。

② 锅中注水烧开，加盐、油、山药，焯煮断生，捞出。

③ 用油起锅，倒入大蒜、大葱、西红柿、山药，炒匀。

④ 加入盐、白糖、鸡粉，炒匀。

⑤ 加入水淀粉、葱段，翻炒约2分钟至熟，将焯好的菜肴盛出，装入盘中即可。

西红柿炒山药

▌烹饪时间：4分钟 ▌适宜人群：女性

🌶 原料

去皮山药200克，西红柿150克，大葱10克，大蒜5克，葱段5克

🍲 调料

盐、白糖各2克，鸡粉3克，水淀粉适量，食用油适量

制作指导

切好的山药要放入水中浸泡，否则容易氧化变黑。

豉香山药条

| 烹饪时间：2分钟 | 适宜人群：一般人群 |

🌶 原料

山药350克，青椒25克，红椒20克，豆豉45克，蒜末、葱段各少许

🍲 调料

盐3克，鸡粉2克，豆瓣酱10克，白醋8毫升，食用油适量

🍴 做法

❶洗净的红椒切粒，洗好的青椒切粒，洗净去皮的山药切条。

❷锅中注入清水烧开，放入白醋、盐。

❸倒入山药，煮约1分钟，至断生。

❹捞出，沥干水分。

❺用油起锅，倒入豆豉、葱段、蒜末，红椒、青椒，炒匀。

❻倒入豆瓣酱炒匀。

❼放入山药条炒匀。

❽加入盐、鸡粉炒入味，盛出装盘即可。

南瓜

别名	麦瓜、番瓜、倭瓜、金冬瓜。
性味	性温，味甘。
归经	归脾、胃经。

✔ 适宜人群

糖尿病、前列腺肥大、烫灼伤等症患者，脾胃虚弱者、营养不良者、肥胖者、便秘者以及中老年人。

✘ 不宜人群

有脚气、黄疸、时病疳症、下痢胀满、产后痧痘、气滞湿阻病症患者。

营养功效

◎南瓜含有丰富的胡萝卜素和维生素C，可以健脾、预防胃炎，防治夜盲症，护肝，使皮肤变得细嫩，并有中和致癌物质的作用。

◎南瓜分泌的胆汁可以帮助我们促进肠胃蠕动，帮助食物消化。

◎南瓜中含有丰富的微量元素锌，为人体生长发育的重要物质，还可以促进造血。

TIPS

①
②南瓜切开后，可将南瓜子去掉，用保鲜袋装好后，放入冰箱冷藏保存。

食材清洗

①将整个南瓜一分为二，切去南瓜蒂、瓜皮。

②将南瓜再一分为二，用小勺挖去瓜瓤。

③最后放在盆中用清水冲洗干净，沥干水即可。

食材加工

①取一块去皮去瓤的南瓜，切成粗长条状。

②将粗条南瓜放好，切去多余边角。

③顶刀将南瓜条切成三角片即可。

醋熘南瓜片

▌烹饪时间：3分钟 ▌适宜人群：老年人

🌶 原料
南瓜200克，红椒、蒜末各适量

🍲 调料
盐2克，鸡粉2克，白醋5毫升，白糖、食用油各适量

🍴 做法

①洗净去皮的南瓜切成片。

②洗净的红椒切开，去籽，切成条。

③用油起锅，倒入蒜末，爆香。

④倒入切好的南瓜、红椒，炒匀。

⑤加入盐、鸡粉、白糖，炒匀。

⑥淋入白醋，炒匀，将炒好的南瓜盛出装入盘中即可。

制作指导
南瓜所含的类故萝卜素耐高温，加油脂烹炒，更有助于人体摄取吸收。

南瓜炒牛肉

烹饪时间：2分钟　　适宜人群：男性

🌶 原料

牛肉175克，南瓜150克，青椒、红椒各少许

🍲 调料

盐3克，鸡粉2克，料酒10毫升，生抽4毫升，水淀粉、食用油各适量

🍴 做法

❶去皮的南瓜切片，洗净的青椒、红椒切条形，牛肉切片。

❷牛肉片中加盐、料酒、生抽、水淀粉、食用油，腌渍入味。

❸锅中注入清水烧开，倒入南瓜片，拌匀，煮至断生。

❹放入青椒、红椒，拌匀，淋入食用油，捞出，沥干水分。

❺用油起锅，倒入牛肉，炒至变色。

❻淋入料酒，炒匀。

❼倒入焯过水的材料，炒匀。

❽加入盐、鸡粉、水淀粉，炒匀，盛出炒好的菜肴即可。

咖喱南瓜炒鸡丁

| 烹饪时间：3分钟 | 适宜人群：女性

🌶 原料

南瓜300克，鸡胸肉100克，姜片、蒜末、葱段各少许

🍲 调料

咖喱粉10克，盐、鸡粉各2克，料酒4毫升、水淀粉、食用油各适量

制作指导

南瓜最好切得薄厚均匀，这样能更好受热，更容易熟。

🍴 做法

❶将洗净去皮的南瓜切丁，洗净的鸡胸肉切丁。

❷鸡肉丁中加鸡粉、盐、水淀粉、食用油，腌渍约10分钟。

❸热锅注油烧热，放入南瓜丁炸至南瓜断生后捞出，沥干油。

❹用油起锅，放入姜片、蒜末、鸡肉丁，炒匀，加入料酒、清水、南瓜丁，炒匀。

❺放入咖喱粉、鸡粉、盐、水淀粉、葱段炒熟，盛出即成。

西葫芦

别名	白南瓜、角瓜、茭瓜、白瓜、番瓜、瓢子、美洲南瓜。
性味	性寒，味甘。
归经	归肺、胃、肾经。

✔ 适宜人群

一般人都可食用，尤其适合糖尿病患者。

✗ 不宜人群

脾胃虚寒者。

营养功效

◎西葫芦富含水分，有润泽肌肤的作用。
◎西葫芦能调节人体代谢，具有减肥、抗癌防癌的功效。
◎西葫芦含有一种干扰素的诱生剂，可刺激机体产生干扰素，提高免疫力，发挥抗病毒和抗肿瘤的作用。

TIPS

①把西葫芦放入炒锅后，立即淋几滴醋，再加一点番茄酱，可使西葫芦片脆嫩爽口。
②西葫芦切丝后，放在食盐水中浸泡一会，可以避免西葫芦在炒制的过程中有水分渗出，使西葫芦不易变软。

食材清洗

①将西葫芦放在盆里，加水、盐浸泡分钟。

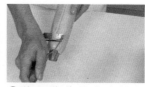
②将西葫芦从水中捞起来，用刮皮刀去皮。

③再用流水冲洗一下，沥干水分即可。

食材加工

①西葫芦纵向对半切开。

②取其中的一半，切成均匀的条状。

③两个西葫芦条并列放好，如用刀斜切菱形块。

虾米豆豉炒西葫芦

| 烹饪时间：2分钟 | 适宜人群：男性

原料

西葫芦250克，虾米25克，豆豉25克，姜片、蒜末、葱段各少许

调料

盐2克，豆瓣酱10克，料酒3毫升，水淀粉3毫升，食用油适量

做法

①洗净的西葫芦用斜刀切成块。

②锅中注水烧开，加盐，倒入西葫芦、食用油，煮1分30秒。

③捞出焯煮好的西葫芦，沥干水分。

④锅中注油烧热，放入姜片、蒜末、葱段，豆豉，炒匀。

⑤倒入虾米，豆瓣酱，炒匀。

⑥放入西葫芦、料酒炒香，倒入水淀粉，炒匀，盛出即可。

制作指导

将豆豉切碎后再炒，可以使这道菜味道更浓郁。

❶将洗净的西葫芦切成片。

❷鸡蛋打入碗中，加入盐、鸡粉，调匀。

❸锅中注水烧开，放入盐、食用油、西葫芦，煮1分钟，捞出，沥干水分。

❹另起锅，注油烧热，倒入蛋液，炒至鸡蛋熟，倒入西葫芦，炒匀。

❺加盐、鸡粉、水淀粉，放入葱花，炒匀，盛出即可。

西葫芦炒鸡蛋

■烹饪时间：2分钟　　■适宜人群：一般人群

🌶 原料

鸡蛋2个，西葫芦120克，葱花少许

🍲 调料

盐2克，鸡粉2克，水淀粉3毫升，食用油适量

制作指导

鸡蛋本身就含有谷氨酸钠，而味精的主要成分也是谷氨酸钠，所以炒鸡蛋时不要放味精。

酱香西葫芦

| 烹饪时间：4分钟 | 适宜人群：一般人群

 原料

西葫芦500克，豆瓣酱30克，姜片、葱段
各少许

调料

盐、鸡粉各1克，水淀粉5毫升，食用油适量

做法

①西葫芦对半切开，
切去柄，斜刀切段，
改切菱形片。

②热锅注油，倒入姜
片、葱段。

③放入豆瓣酱炒香。

④倒入切好的西葫
芦，翻炒均匀。

⑤加入盐、鸡粉。

⑥翻炒至熟软入味。

⑦倒入适量水淀粉，
拌匀勾芡。

⑧炒匀至收汁，盛出
菜肴，装盘即可。

马蹄

别名	荸荠、水栗、菩荠、乌芋、地粟、地梨。
性味	性微凉，味甘。
归经	归肺、胃、大肠经。

✔ 适宜人群
儿童、发热病人、肺癌及食道癌患者。

✘ 不宜人群
脾胃虚寒、血虚、血淤者及经期女子。

营养功效

◎马蹄中的磷含量是所有茎类蔬菜中含量最高的，磷元素可以促进人体发育。

◎马蹄是寒性食物，有清热泻火的良好功效，既可清热生津，又可补充营养，最宜用于发烧病人。

◎马蹄的食疗功效很好，具有解毒、利尿等功效。

TIPS
①马蹄最好不要经常生吃。如果常吃生马蹄，其中的姜片虫就会进入人体并附在肠黏膜上，会造成肠道溃疡、腹泻或面部浮肿。
②马蹄可作水果也可作蔬菜，可制罐头，可作凉果蜜饯。

 食材清洗

①将马蹄放进小盆里，注入适量的清水，洗干净。

②将洗好的马蹄用刀将其两端切除。

③用削皮刀将马蹄的表皮刮去，洗净，沥干即可。

 食材加工

①取一个洗净去皮的马蹄，平放。

②顶刀将马蹄切成薄片。

③依此方法将整个马蹄切成相同的薄片即可。

马蹄炒荷兰豆

烹饪时间：2分钟 | **适宜人群：一般人群**

🌶️ 原料

马蹄肉90克，荷兰豆75克，红椒15克，姜片、蒜末、葱段各少许

🍲 调料

盐3克，鸡粉2克，料酒4毫升，水淀粉、食用油各适量

🍴 做法

❶将马蹄肉切片，洗好的红椒切小块。

❷锅中注水烧开，放入食用油、盐、荷兰豆，煮半分钟。

❸放入马蹄肉、红椒，搅匀，再煮半分钟，捞出。

❹用油起锅，放入姜片、蒜末、葱段、焯好的食材，炒匀。

❺加入料酒、盐、鸡粉，炒匀。

❻倒入水淀粉，炒匀，将炒好的材料盛出，装入盘中即可。

制作指导

荷兰豆焯水的时间不宜过长，焯至刚变色即可，这样其外观、口感较好，营养也不会流失太多。

马蹄炒豌豆苗

 烹饪时间：1分钟 ┃ 适宜人群：老年人

🌶 **原料**

马蹄100克，豌豆苗90克，彩椒45克，蒜末、葱段各少许

🍲 **调料**

盐3克，鸡粉2克，食用油适量

🍴 **做法**

①洗净去皮的马蹄切成片，洗好的彩椒切成条。

②锅中注水烧开，加入食用油、盐。

③倒入切好的马蹄，加入彩椒。

④搅拌匀，煮半分钟至食材断生。

⑤捞出焯煮好的食材，沥干水分。

⑥锅中注油烧热，放入蒜末、葱段、豌豆苗，炒至熟软。

⑦加入焯过水食材，炒匀。

⑧放入盐、鸡粉，炒匀，将炒好的食材盛出，装入盘中即可。

青椒木耳炒马蹄

| 烹饪时间：1分钟 | 适宜人群：孕妇

原料

彩椒100克，胡萝卜100克，水发木耳50克，马蹄90克，蒜末、葱段各少许

调料

盐3克，料酒10毫升，鸡粉2克，水淀粉4毫升，食用油适量

制作指导

马蹄易粘连，切片时不要切得太薄，否则炒制时不易炒散。

做法

❶彩椒切块，胡萝卜切片，去皮的马蹄切片，木耳切小块。

❷锅中注水烧开，放入油、盐、木耳、马蹄、胡萝卜，煮沸。

❸放入彩椒，搅拌匀，再次煮沸，捞出，沥干水分。

❹用油起锅，放入蒜末、葱段、焯过水的食材，炒匀。

❺加料酒、盐、鸡粉、水淀粉炒匀，盛出，装入盘中即可。

香菇

别名	冬菇、香蕈、厚菇、花蕈、花菇、椎耳。
性味	性平，味甘。
归经	归胃经。

✔ 适宜人群

糖尿病、癌症、肾炎、高血脂、高血压、动脉硬化患者、贫血者、抵抗力低下者。

✘ 不宜人群

痛风和其他原因造成的高尿酸血症者、脾胃寒湿气滞或皮肤瘙痒病患者。

营养功效

◎香菇的水提取物对过氧化氢有清除作用，有延缓衰老的功能。

◎香菇具有降血压、降血脂、降胆固醇，预防动脉硬化、肝硬化等疾病。

◎香菇可以辅助治疗糖尿病、肺结核、传染性肝炎、神经炎等，还可用于便秘及消化不良。

TIPS

①如果香菇比较干净，只要用清水冲净即可，这样可以保存香菇的鲜味。

②在泡发香菇的水中加少许白糖，也能很快地发好香菇，而且味道更加鲜美。

食材清洗

①香菇装碗，倒入温水，泡发15~20分钟。

②将香菇捞出，放进另一个碗里。

③加淀粉、水，洗干净，沥干即可。

食材加工

①取洗净的香菇，将柄全部切除。

②用刀将香菇从中间切成两半。

③沿着与刀口垂直的方向再切一刀，即成四块。

明笋香菇

烹饪时间：4分钟 ┃ 适宜人群：一般人群

🌶 原料

鲜香菇30克，水发笋干50克，瘦肉100克，彩椒10克

🍲 调料

盐2克，生抽5毫升，料酒5毫升，水淀粉4毫升，食用油适量

🍴 做法

❶洗净的彩椒、笋干、香菇切小块，洗好的瘦肉切小块。

❷热锅注油，放入瘦肉，炒至变色。

❸倒入笋丁，炒匀。

❹注入清水，淋入料酒，煮沸。

❺倒入香菇，炒匀，煮熟。

❻加盐、生抽、彩椒、水淀粉炒匀，装入盘中即可。

制作指导

笋干要完全泡发之后再烹制，以免影响口感。

 做法

① 洗好的冬瓜切丁，洗净的香菇切小块。

② 锅中注水烧开，加入食用油、盐、冬瓜，煮约1分钟。

③ 倒入香菇，搅散，煮约半分钟，捞出，沥干水分。

④ 起油锅，放入姜片、葱段、蒜末、焯过水的食材，炒匀。

⑤ 注入清水，加盐、鸡粉、蚝油煮至食材入味，倒入水淀粉炒匀，盛出即可。

冬瓜烧香菇

烹饪时间：4分钟 ┃ 适宜人群：一般人群

原料

冬瓜200克，鲜香菇45克，姜片、葱段、蒜末各少许

调料

盐2克，鸡粉2克，蚝油5克，食用油适量

制作指导

冬瓜不要煮太久，以免煮化了影响口感。

栗子焖香菇

▌烹饪时间：20分钟 ▌适宜人群：一般人群

🌶 **原料**

去皮板栗200克，鲜香菇40克，去皮胡萝卜50克

🍲 **调料**

盐、鸡粉、白糖各1克，生抽、料酒、水淀粉各5毫升，食用油适量

🍴 **做法**

❶板栗对半切开，香菇切小块状，胡萝卜切滚刀块。

❷用油起锅，倒入板栗、香菇、胡萝卜。

❸将食材翻炒均匀。

❹加入生抽、料酒，炒匀。

❺注入200毫升左右的清水。

❻加入盐、鸡粉、白糖，拌匀。

❼焖煮15分钟，至其入味。

❽用水淀粉勾芡，盛出菜肴，装盘即可。

草菇

别名	苞脚菇、兰花菇、麻菇、稻草菇、秆菇。
性味	性寒，味甘、微咸。
归经	归肺、胃经。

✔ 适宜人群

一般人群均可食用，尤其适合糖尿病人食用。

✘ 不宜人群

脾胃虚寒者则不宜多食。

营养功效

◎草菇富含维生素C，可促进人体新陈代谢，提高机体免疫力，增强抗病能力。

◎草菇含人7种体必需氨基酸，且含有大量多种维生素，能滋补开胃。

◎草菇中的有效成分能抑制癌细胞生长，特别是对消化道肿瘤有辅助治疗作用。

TIPS

①草菇无论鲜品还是干品，都不宜浸泡时间过长。
②草菇适于做汤或素炒，可炒、熘、烩、烧、酿、蒸等，也可做汤，或作各种荤菜的配料。

食材清洗

①用刀将草菇的底部全部切除干净。

②将草菇放入水中，将其浸泡几分钟。

③用手将草菇搓洗干净，最后冲洗干净即可。

食材加工

①取洗净的草菇，纵向对切，一分为二。

②取其一半，纵向对切。

③将切开的草菇摆放整齐，用直刀法切块。

草菇扒芥菜

| 烹饪时间：7分钟 | 适宜人群：男性

原料

芥菜300克，草菇200克，胡萝卜片30克，蒜片少许

调料

盐2克，鸡粉1克，生抽5毫升，水淀粉、芝麻油、食用油各适量

做法

❶草菇切十字花刀，再切开；芥菜切去菜叶，菜梗部分切块。

❷沸水锅中倒入草菇，煮断生，捞出。

❸再往锅中倒入芥菜，加盐、食用油。

❹余煮至断生，捞出，沥干水分。

❺起油锅，倒入蒜片、胡萝卜片，生抽炒匀，加水、草菇。

❻加盐、鸡粉、水淀粉、芝麻油炒匀，盛出放在芥菜上即可。

制作指导

生抽本身有咸味和鲜味，此菜可少放盐和鸡粉。

草菇烩芦笋

| 烹饪时间：2分钟 | 适宜人群：儿童

🌶 原料

芦笋170克，草菇85克，胡萝卜片、姜片、蒜末、葱白各少许

🍲 调料

盐2克，鸡粉2克，蚝油4克，料酒3毫升，水淀粉、食用油各适量

🍴 做法

❶ 把洗好的草菇切小块，洗净去皮的芦笋切段。

❷ 锅中注水烧开，放入盐、食用油、草菇，煮约半分钟。

❸ 再倒入芦笋段，拌匀，续煮约半分钟。

❹ 煮至全部食材断生后捞出，沥干水分，放在盘中。

❺ 用油起锅，放入胡萝卜片、姜片、蒜末、葱白，爆香。

❻ 倒入焯好的食材，淋入料酒，炒匀。

❼ 放入蚝油，炒香、炒透。

❽ 加盐、鸡粉，炒至食材熟软，倒入水淀粉勾芡，盛出即成。

❶ 将草菇对半切开，彩椒切丝，花菜切小朵，猪瘦肉切细丝。

❷ 瘦肉中加料酒、盐、水淀粉、食用油，腌渍10分钟。

❸ 草菇、花菜、彩椒焯煮断生，捞出，沥干水分。

❹ 起油锅，倒入肉丝炒变色，放入姜片、蒜末、葱段，炒香。

❺ 倒入焯过水的食材，加盐、生抽、料酒、蚝油、水淀粉，炒入味，盛出即可。

草菇花菜炒肉丝

▌烹饪时间：3分钟　▌适宜人群：一般人群

🌶 原料

草菇70克，彩椒20克，花菜180克，猪瘦肉240克，姜片、蒜末、葱段各少许

🍲 调料

盐3克，生抽4毫升，料酒8毫升，蚝油、水淀粉、食用油各适量

制作指导

彩椒焯水时间不可太久，否则会影响口感。

口蘑

别名	白蘑菇、白蘑、蒙古口蘑、银盘、云盘蘑。
性味	性平，味甘。
归经	归肺、心经。

✔ 适宜人群

肥胖、便秘、糖尿病、心血管系统疾病、肝炎、肺结核、软骨病患者。

✘ 不宜人群

肾脏疾病患者。

营养功效

◎口蘑中的硒含量仅次于灵芝，易于人体吸收，具有很好的抗癌作用。

◎麦硫因是一种稀有的抗氧化剂，而口蘑中就富含这种成分，能帮助人体清除自由基，抗衰老。

◎口蘑含多种抗病毒成分，可以帮助人体抵抗病毒，提高免疫力。

TIPS

①用口蘑制作菜肴时，不宜放味精，以免损失口蘑原有的鲜味。

②口蘑最好买新鲜的，市场上有泡在液体中的袋装口蘑，食用前一定要多漂洗几遍，以去掉某些化学物质。

食材清洗

①将口蘑冲洗一下。

②把口蘑放在大碗里，注水，加盐，浸泡5分钟。

③用筷子顺着一个方向搅，捞出后冲洗即可。

食材加工

①首先用直刀切出第一个口蘑片。

②继续将口蘑切成片状。

③将粘在刀面的口蘑片拨下来，聚集成堆。

蒜苗炒口蘑

▌烹饪时间：4分钟　▌适宜人群：一般人群

🌶 原料

口蘑250克，蒜苗2根，朝天椒圈15克，姜片少许

🍲 调料

盐、鸡粉各1克，蚝油5克，生抽5毫升，水淀粉、食用油各适量

🍴 做法

①洗净的口蘑切厚片，洗好的蒜苗斜刀切段。

②锅中注水烧开，倒入口蘑，汆煮至断生，捞出。

③另起锅注油，倒入姜片、朝天椒圈、口蘑，炒匀。

④加入生抽、蚝油，将食材翻炒至熟。

⑤加入清水、盐、鸡粉，拌匀。

⑥倒入蒜苗，炒断生，用水淀粉勾芡，盛出装盘即可。

制作指导

若喜欢偏辣口味，可加入干辣椒爆香。

① 将洗净的口蘑对半切开。

② 锅中注水烧开，倒入口蘑，加入料酒，煮一会儿，去除异味，捞出。

③ 加入食用油、盐、荷兰豆，煮至变色，捞出，摆好盘。

④ 起油锅，倒入蒜末、清水、口蘑炒匀。

⑤ 加盐、鸡粉、蚝油、老抽、水淀粉炒入味，盛出放在荷兰豆上，撒上白芝麻即可。

🍴 做法

蚝油口蘑荷兰豆

┃ 烹饪时间：3分钟　┃ 适宜人群：一般人群

🌶 原料

荷兰豆120克，口蘑75克，白芝麻、蒜末各适量

🍲 调料

盐2克，鸡粉1克，蚝油15克，老抽2毫升，料酒5毫升，水淀粉、食用油各适量

制作指导

口蘑可以切得稍微厚一些，这样炒熟后口感会更佳。

湘煎口蘑

烹饪时间：4分钟 ┃ 适宜人群：一般人群

🥄 原料

五花肉300克，口蘑180克，朝天椒25克，姜片、蒜末、葱段、香菜段各少许

🍲 调料

盐、鸡粉、黑胡椒粉各2克，水淀粉、料酒各10毫升，辣椒酱、豆瓣酱各15克，生抽5毫升，食用油适量

🍴 做法

❶ 将洗净的口蘑切片，洗好的朝天椒切圈，五花肉切片。

❷ 锅中注水烧开，放入口蘑，拌匀。

❸ 加入料酒煮1分钟，捞出，沥干水分。

❹ 用油起锅，放入五花肉，炒匀。

❺ 淋入料酒炒香，将炒好的五花肉盛出。

❻ 锅底留油，倒入口蘑，煎出香味，放入蒜末、姜、葱炒香。

❼ 加入五花肉、朝天椒、豆瓣酱、生抽、辣椒酱，炒匀。

❽ 加水、盐、鸡粉、黑胡椒粉、水淀粉炒匀，撒入香菜即可。

豆腐

别名	水豆腐、老豆腐。
性味	性凉，味甘。
归经	归脾、胃、大肠经。

✔ 适宜人群

心血管疾病、糖尿病、癌症患者。

✘ 不宜人群

痛风、肾病、缺铁性贫血、腹泻患者。

营养功效

◎豆腐具有益气宽中、生津润燥、清热解毒、和脾胃的功效。

◎豆腐能降低血铅浓度、保护肝脏、促进机体新陈代谢。

◎豆腐中丰富的大豆卵磷脂有益于神经、血管、大脑的发育生长，有健脑的作用。

TIPS

①豆腐本身的颜色略带点黄色，优质豆腐切面比较整齐，无杂质，豆腐本身有弹性。

②豆腐买回后，应立刻浸泡于凉水中，并置于冰箱中冷藏，待烹调前再取出。

食材清洗

①用细水流将豆腐粗略地搓洗一遍。

②取一盆清水，然后将豆腐放入其中。

③浸泡15分钟左右，将苦味泡出来即可。

食材加工

①切取一厚片豆腐。

②将豆腐切条状。

③摆放整齐，把一端切整齐，用直刀法切丁状。

樱桃豆腐

▋烹饪时间：6分钟 ▋适宜人群：一般人群

🌶 **原料**

樱桃130克，豆腐270克

🍲 **调料**

盐2克，白糖4克，鸡粉2克，陈醋10毫升，水淀粉6毫升，食用油适量

🍴 **做法**

❶洗好的豆腐切成小方块。

❷煎锅上火烧热，加入食用油、豆腐，煎出香味。

❸翻转豆腐，煎至两面金黄色，盛出。

❹起油锅，加水、樱桃、盐、白糖、鸡粉、陈醋，拌匀。

❺煮沸，倒入豆腐，拌匀。

❻用水淀粉勾芡，盛出炒好的菜肴即可。

制作指导

樱桃不要直接用手拔掉蒂，可用剪刀剪断，以保持外形美观。

香菜炒豆腐

烹饪时间：2分钟 | 适宜人群：一般人群

 原料

香菜100克，豆腐300克，蒜末、葱段各少许

 调料

盐3克，鸡粉2克，生抽5毫升，水淀粉8毫升，食用油适量

做法

❶将洗净的香菜切段，洗好的豆腐切小方块。

❷锅中注入清水烧开，放入盐，倒入豆腐块，煮1分钟。

❸把焯煮好的豆腐捞出，沥干水分。

❹用油起锅，放入蒜末、葱段、豆腐、清水，炒匀。

❺加入生抽、盐、鸡粉，炒匀。

❻放入香菜，炒匀。

❼倒入水淀粉勾芡。

❽盛出炒好的食材，装盘即成。

PART 3
肉蛋
小炒

肉类和蛋类富含蛋白质和脂肪，能够增强体力、润肠益胃、补血强身。本章共为您介绍10种常见的肉、蛋食材，每种食材不仅有性味归经、营养功效、适宜人群、不宜人群的介绍，还有洗、切的详细配图介绍，以及食材处理和烹饪的温馨提示，帮您轻松处理各种食材。

本章介绍的肉蛋小炒都是一些既健康又营养的美味家常菜，每个食谱都配有详细做法以及步骤图，还有成品大图，以及二维码视频，快来学吧。

猪肉

别名	豕肉、豚肉、彘肉。
性味	性温，味甘咸。
归经	归脾、胃、肾经。

✔ 适宜人群

一般人都可食用。

✘ 不宜人群

体胖、多痰、舌苔厚腻者，冠心病、高血压、高血脂等患者以及风邪偏盛者。

营养功效

◎ 中医认为，猪肉性平味甘，有润肠胃、生津液、补肾气、解热毒的功效。

◎ 猪肉含有血红素（有机铁）和促进铁吸收的半胱氨酸，能改善缺铁性贫血。

◎ 猪肉还含有丰富的蛋白质和B族维生素，可以增强体力。

TIPS

①猪肉不宜长时间泡水。切肥肉时，可先将肥肉蘸一下凉水，然后放到案板上，肥肉也不会滑动，且不易粘案板。

②猪肉应煮熟，如果生吃或加热不够，人吃了这样的猪肉，寄生虫就会随之进入人体。

食材清洗

①猪肉放入盆中，倒入淘米水。

②用手将猪肉在淘米水中抓洗。

③用清水冲洗干净即可。

食材加工

①取一块洗净的猪肉，沿着一端垂直切片。

②将猪肉依次切均匀片。

③把整块猪肉切成厚薄一致的片即可。

笋尖西芹炒肉片

▌烹饪时间：2分钟　▌适宜人群：老年人

🌶 原料

竹笋85克，瘦肉95克，西芹50克，彩椒
40克，姜片、蒜末、葱段各少许

🍲 调料

盐3克，鸡粉少许，料酒4毫升，水淀粉、食
用油各适量

🍴 做法

❶将西芹切小段，彩椒切小块，竹笋切片，瘦肉切片。

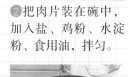

❷把肉片装在碗中，加入盐、鸡粉、水淀粉、食用油，拌匀。

❸锅中注入清水烧开，放入盐、食用油、竹笋，煮片刻。

❹倒入彩椒、西芹，煮约半分钟，捞出，沥干水分。

❺用油起锅，放入姜片、蒜末、葱段、肉片、料酒，炒匀。

❻放入焯好的食材，加盐、鸡粉、水淀粉调味，盛出放在盘中即成。

制作指导

切瘦肉的刀工要整齐，这样炒出的菜肴口感才更具风味。

茶树菇炒五花肉

| 烹饪时间：2分钟 | 适宜人群：一般人群

🌶 原料

茶树菇90克，五花肉200克，红椒40克，姜片、蒜末、葱段各少许

🍲 调料

盐2克，生抽5毫升，鸡粉2克，料酒10毫升，水淀粉5毫升，豆瓣酱15克，食用油适量

🍴 做法

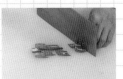

①红椒切小块；茶树菇切去根部，切段；五花肉切片。

②锅中注入清水烧开，放入盐、鸡粉、食用油。

③倒入茶树菇，拌匀，煮1分钟。

④捞出焯煮好的茶树菇，沥干水分。

⑤用油起锅，放入五花肉，炒匀。

⑥加入生抽、豆瓣酱、姜片、蒜末、葱段，炒匀。

⑦放入料酒、茶树菇、红椒，炒匀。

⑧加入盐、鸡粉、水淀粉，炒匀，盛出炒好的菜肴即可。

❶将洗好的粉丝切段；洗净的白菜去除根部，切段；洗好的五花肉切片。

❷用油起锅，倒入五花肉，炒至变色。

❸加入老抽，拌至炒均匀上色。

❹放入蒜末、葱段、白菜，炒至变软，放入粉丝，炒匀。

❺加入盐、鸡粉、生抽、料酒、胡椒粉，炒匀，盛出炒好的菜肴即可。

白菜粉丝炒五花肉

┃烹饪时间：3分钟　┃适宜人群：孕妇

原料

白菜160克，五花肉150克，水发粉丝240克，蒜末、葱段各少许

调料

盐、鸡粉各2克，生抽5毫升，老抽2毫升，料酒、胡椒粉、食用油各适量

制作指导

白菜炒的时间不宜过长，以免造成降低其营养价值。

❶将洗净的黄瓜切成
细丝，洗好的猪里切
成丝。

❷肉丝放碗中，加入
生抽、料酒、蛋清、
生粉、葱丝、黄瓜。

❸热锅注油，倒入肉
丝，滑油至变色，捞
出肉丝，沥干油。

❹用油起锅，倒入姜
丝、甜面酱、鸡粉、
生抽。

❺加入料酒、水淀
粉、肉丝,盛出，放在
黄瓜丝，盛出即可。

酱炒肉丝

■ 烹饪时间：2分钟　■ 适宜人群：一般人群

🌶 原料

猪里脊肉230克，黄瓜120克，蛋清20
克，葱丝、姜丝各少许

🍲 调料

鸡粉3克，盐3克，甜面酱30克，生抽
8毫升，料酒6毫升，水淀粉4毫升，
食用油适量

制作指导

京酱肉丝比较油腻，若
怕油腻的话，可以多切
点黄瓜丝。

青菜豆腐炒肉末

| 烹饪时间：5分钟 | 适宜人群：儿童

🌶️ 原料

豆腐300克，上海青100克，肉末50克，
彩椒30克

🍲 调料

盐、鸡粉各2克，料酒、水淀粉、食用油各
适量

🍴 做法

①洗好的豆腐切丁，洗净的彩椒切块，洗好的上海青切小块。

②锅中注入清水烧热，倒入豆腐，去除豆腥味。

③捞出汆煮好的豆腐，装盘待用。

④用油起锅，倒入肉末，炒至变色。

⑤倒入清水，拌匀。

⑥加入料酒、豆腐、上海青、彩椒，炒约3分钟至食材熟透。

⑦加入盐、鸡粉、水淀粉，翻炒匀。

⑧盛出炒好的菜肴，装盘即可。

牛肉

别名	黄牛肉、水牛肉。
性味	性平，味甘。
归经	归脾、胃经。

✔ 适宜人群

高血压、冠心病、血管硬化和糖尿病患者，老年人、儿童以及身体虚弱者。

✘ 不宜人群

内热者、皮肤病、肝病、肾病患者。

营养功效

◎牛肉中的肌氨酸含量比其他食品都高，对人体增长肌肉、增强力量特别有效。

◎牛肉含有丰富的蛋白质，氨基酸组成等比猪肉更接近人体需要，能提高机体抗病能力，对生长发育及手术后、病后调养的人在补充失血和修复组织等方面特别适宜。

◎寒冬食牛肉，有暖胃作用，为寒冬补益佳品。

TIPS

①牛肉的纤维组织较粗，结缔组织又较多，应横着切，将长纤维切断，不能顺着纤维组织切，否则不仅没法入味，还嚼不烂。
②烹饪时放一个山楂、一块橘皮或一点茶叶，牛肉易烂。

食材清洗

①将牛肉放在盆里，然后加入清水。

②向盆中倒入淘米水中，浸泡15分钟，用手抓洗。

③牛肉用清水冲洗干净，沥干水即可。

食材加工

①取一块洗净的牛肉，沿着边缘切薄片。

②将整块牛肉切成薄片。

③再将所有的薄片切成丝即可。

牛肉苹果丝

烹饪时间：2分钟　｜适宜人群：一般人群

原料

牛肉丝150克，苹果150克，生姜15克

调料

盐3克，鸡粉2克，料酒5毫升，生抽4毫升，水淀粉3毫升，食用油适量

做法

①洗净的生姜切丝。

②洗好的苹果去核，切条。

③将牛肉丝装入盘中，加入盐、料酒、水淀粉，拌匀。

④淋入食用油，腌渍半小时至入味。

⑤热锅注油，倒入姜丝、牛肉，翻炒至其变色。

⑥加入料酒、生抽、盐、鸡粉、苹果丝，将炒好的盛出即可。

制作指导

苹果切好后最好立刻炒制，以免时间久氧化变黑。

黄瓜炒牛肉

烹饪时间：3分钟 ┃ 适宜人群：女性

🌶 原料

黄瓜150克，牛肉90克，红椒20克，姜片、蒜末、葱段各少许

🍲 调料

盐3克，鸡粉2克，生抽5毫升，料酒5毫升，食粉、水淀粉、食用油各适量

🍴 做法

❶将黄瓜去皮，切小块，红椒切小块，洗净的牛肉切片。

❷牛肉放碗中，放食粉、生抽、盐、水淀粉、食用油，拌匀。

❸热锅注油，放入牛肉片，搅散，滑油至变色。

❹把牛肉片捞出。

❺锅底留油，放入姜片、蒜末、葱段、红椒、黄瓜，炒匀。

❻放入牛肉片、料酒，炒香。

❼加入盐、鸡粉、生抽，炒匀。

❽倒入水淀粉勾芡，将炒好的食材盛出，装入盘中即可。

山楂菠萝炒牛肉

▌ 烹饪时间：3分钟　　▌ 适宜人群：男性

原料

牛肉片200克，水发山楂片25克，菠萝600克，圆椒少许

调料

番茄酱30克，盐3克，鸡粉2克，食粉少许，料酒6毫升，水淀粉、食用油各适量

制作指导

山楂片泡软后可再清洗一遍，这样能有效去除杂质。

❶ 牛肉装碗中，加盐、料酒、食粉、水淀粉、食用油腌渍。

❷ 将圆椒切小块，菠萝制成菠萝盅，菠萝肉切小块。

❸ 热锅注油，倒入牛肉、圆椒，炸出香味，捞出，沥干油。

❹ 锅底留油烧热，倒入山楂片、菠萝肉、番茄酱，炒匀。

❺ 倒入食材、料酒、盐、鸡粉、水淀粉炒匀，盛出即可。

❶ 锅中注入清水烧开，放黄豆煮断生，捞出，沥干水分。

❷ 韭菜、牛肉切好；牛肉装盘中，放盐、水淀粉、料酒，搅匀。

❸ 热锅注油，倒入牛肉丝、干辣椒，翻炒至变色。

❹ 淋入料酒，放入黄豆、韭菜。

❺ 加入盐、鸡粉、老抽、生抽，炒匀，盛出即可。

韭菜黄豆炒牛肉

▌烹饪时间：2分钟 ▌适宜人群：一般人群

🌶 原料

韭菜150克，水发黄豆100克，牛肉300克，干辣椒少许

🍲 调料

盐3克，鸡粉2克，水淀粉4毫升，料酒8毫升，老抽3毫升，生抽5毫升，食用油适量

制作指导

牛肉丝切得细一点，这样更易熟透、入味。

双椒孜然爆牛肉

| 烹饪时间：2分钟 | 适宜人群：一般人群 |

🌶 原料

牛肉250克，青椒60克，红椒45克，姜片、蒜末、葱段各少许

🍲 调料

盐、鸡粉各3克，食粉、生抽、水淀粉、孜然粉、食用油各适量

🍴 做法

❶将青椒去籽，切小块；红椒去籽，切小块；牛肉切片。

❷加盐、鸡粉、食粉、生抽、水淀粉、食用油，拌匀。

❸热锅注油，倒入牛肉片，搅散，滑油约半分钟至变色。

❹捞出滑油后的牛肉片，沥干油，待用。

❺锅底留油，倒入姜片、蒜末、葱段、青椒、红椒，炒匀。

❻倒入牛肉，撒入孜然粉。

❼放入盐、鸡粉、生抽，炒匀。

❽倒入水淀粉勾芡，盛出炒好的菜肴摆好即可。

羊肉

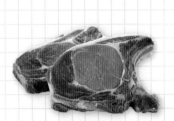

别名	古称之为羘肉、羯肉。
性味	性热，味甘。
归经	归脾、胃、肾、心经。

✔ 适宜人群
体虚胃寒、反胃者、中老年体质虚弱者。

✗ 不宜人群
感冒发热、高血压、肝病、急性肠炎患者。

🍗 营养功效

◎常吃羊肉可益气补虚、促进血液循环、使皮肤红润、增强御寒能力。

◎羊肉还可增加消化酶，保护胃壁，帮助消化。

◎中医认为，羊肉还有补肾壮阳的作用。

TIPS
①暂时吃不完的羊肉，可放盐腌渍两天，即可保存10天左右。
②羊肉营养价值高，但不易清洗，先用沸水汆烫一下，再进行彻底清洗。

食材清洗

①将羊肉放进容器，加清水和米醋，浸泡片刻。

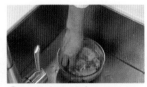
②用手清洗羊肉。

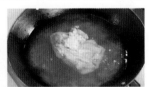
③将羊肉放入开水锅中汆烫，捞出洗净即可。

食材加工

①取一块洗净的羊肉，从中间切开，一分为二。

②取一块用平刀片羊肉。

③将所有的羊肉依次片成均匀的片状即可。

山楂马蹄炒羊肉

■ 烹饪时间：2分钟 ■ 适宜人群：女性

🌶 原料

羊肉150克，山楂35克，马蹄肉30克，姜片、蒜末、葱段各少许

🍲 调料

盐3克，鸡粉、白糖各少许，料酒6毫升，生抽7毫升，水淀粉、食用油各适量

🍴 做法

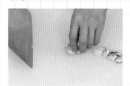

❶将山楂去头尾，去除核，切小块；马蹄肉切片。

❷羊肉切片，加盐、鸡粉、料酒、水淀粉、食用油，拌匀。

❸锅中加清水，放山楂，煮约10分钟，捞出，切碎末。

❹热锅注油，倒入羊肉，滑油至羊肉变色，捞出，沥干油。

❺用油起锅，放入姜片、蒜末、葱段、马蹄片，炒匀。

❻放羊肉片、盐、鸡粉、生抽、白糖、料酒、山楂，炒熟即可。

制作指导

羊肉腥味较重，腌渍时可用白酒，这样能改善菜肴的味道。

葱爆羊肉片

┃ 烹饪时间：3分钟 ┃ 适宜人群：男性

🌶️ **原料**

羊肉600克，大葱50克，红椒15克

🍲 **调料**

鸡粉2克，盐2克，料酒5毫升，食用油适量

🍴 **做法**

①处理好的大葱切成段，待用。

②洗净的红椒切开，去籽，切成块。

③处理好的羊肉切成薄片，待用。

④热锅注油烧热，倒入羊肉，炒至转色。

⑤倒入大葱、红椒，快速翻炒匀。

⑥淋入适量料酒，翻炒提鲜。

⑦加入鸡粉、盐，翻炒调味。

⑧将炒好的羊肉盛出装入盘中即可。

❶将洗净的彩椒切成粗条，洗好的羊肉切粗丝。

❷用油起锅，放入姜片、蒜末、羊肉、料酒拌炒均匀。

❸放入彩椒丝，炒至变软。

❹加入盐、鸡粉、胡椒粉，炒匀。

❺倒入香菜段，炒至散出香味，盛出炒好的菜肴即成。

香菜炒羊肉

▎烹饪时间：3分钟 ▎适宜人群：女性

🌶 原料

羊肉270克，香菜段85克，彩椒20克，姜片、蒜末各少许

🍲 调料

盐3克，鸡粉、胡椒粉各2克，料酒6毫升，食用油适量

制作指导

羊肉切好后可先用盐腌渍一会儿，这样口感会更好。

猪肝

别名	血肝。
性味	性温，味甘、苦。
归经	归肝经。

✔ 适宜人群

气血虚弱、面色萎黄、缺铁者，电脑工作者以及癌症患者。

✘ 不宜人群

高血压、肥胖症、冠心病及高血脂患者。

💪 营养功效

◎猪肝中铁质丰富，是补血食品中经常用的食物，食用猪肝可调节和改善贫血。

◎猪肝中含有丰富的维生素A，具有维持正常生长和生殖机能的功能。

◎经常食用动物肝还能补充维生素B$_2$，这对补充机体重要的辅酶，完成机体对一些有毒成分的去毒过程有着重要作用。

TIPS

①猪肝的烹调时间不能太短，炒5分钟以上，使肝变成灰褐色，看不到血丝才好。

②猪肝常有一种特殊的异味，烹制前，用水将肝血洗净，剥去薄皮，放牛乳浸泡，几分钟后猪肝异味即可清除。

 食材清洗

①将猪肝放入在水龙头下冲洗。

②将猪肝放入装有清水的碗中。

③静置1~2小时，去除猪肝的残血，捞出沥干。

 食材加工

①先将猪肝切成几块。

②改刀将肝块改切成片。

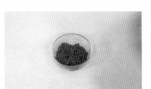
③将切好的猪肝装入碗中，备用即可。

枸杞炒猪肝

▌烹饪时间：2分钟 ▌适宜人群：一般人群

🌶 **原料**

猪肝200克，西芹100克，枸杞10克，姜片、蒜末、葱段各少许

🍲 **调料**

料酒8毫升，盐3克，鸡粉2克，生粉4克，生抽5毫升，食用油适量

🍴 **做法**

❶择洗好的西芹切成段，处理好的猪肝切成片。

❷猪肝装碗中，放入盐、鸡粉、生粉、料酒、食用油，拌匀。

❸锅中注入清水，放入西芹，煮约1分钟，捞出，沥干水分。

❹热锅注油烧热，倒入姜片、蒜末、葱段、猪肝，炒匀。

❺倒入西芹，炒匀。

❻加入枸杞、盐、鸡粉、料酒、生抽，将炒好的菜盛出即可。

制作指导

猪肝片最好切得薄厚一致，才能使其更好地炒匀。

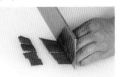

❶处理好的猪肝切薄片，青、红椒切块，茭白切片。

❷猪肝加盐、生抽、料酒、水淀粉，拌匀，放油锅炒熟。

❸另起锅注油，倒入茭白，炒约1分钟，盛出炒好的茭白。

❹锅中放油，倒入蒜末、姜末、甜面酱、猪肝、茭白，炒匀。

❺放红、青椒、盐、鸡粉、老抽、水淀粉、芝麻油、葱白炒匀即可。

酱爆猪肝

▎烹饪时间：4分钟 ▎适宜人群：一般人群

🌶 原料

猪肝、茭白、青椒、红椒、蒜末、葱白、姜末、甜面酱各适量

🍲 调料

盐、鸡粉、生抽、料酒、水淀粉、老抽、芝麻油、食用油各适量

制作指导

炒猪肝的时间要把握好，以免炒制过久猪肝变老影响口感。

猪肝炒木耳

烹饪时间：2分钟 | 适宜人群：儿童

🌶 原料

猪肝180克，水发木耳50克，姜片、蒜末、葱段各少许

🍲 调料

盐4克，鸡粉3克，料酒、生抽、水淀粉、食用油各适量

🍴 做法

①将洗净的木耳切成小块，洗好的猪肝切成片，装碗中。

②碗中加入盐、鸡粉、料酒，抓匀，腌渍10分钟。

③锅中注水烧开，加入盐、木耳，焯水1分钟至其八成熟。

④将焯过水的木耳捞出，沥干水分。

⑤用油起锅，放入姜片、蒜末、葱段、猪肝、料酒，炒匀。

⑥放入木耳，炒匀。

⑦加入盐、鸡粉、生抽，炒匀。

⑧倒入水淀粉勾芡，将炒好的材料盛出，装入盘中即成。

猪肚

别名	猪胃。
性味	味甘，性微温。
归经	归脾、胃经。

✔ 适宜人群

虚劳羸弱、脾胃虚弱、中气不足、气虚下陷、小儿疳积、腹泻、胃痛者以及糖尿病患者。

✘ 不宜人群

湿热痰滞内蕴者及感冒者。

营养功效

◎中医认为，猪肚可以补虚损、健脾胃，用于虚劳羸弱、泻泄、下痢、消渴、小便频数、小儿疳积等症的食疗。

◎猪肚含有蛋白质和消化食物的各种消化酶，胆固醇含量较少，具有补中益气、消食化积的功效。

TIPS

①猪肚适于爆、烧、拌和作什锦火锅的原料。

②猪肚烧熟后，切成长条或长块，放在碗里，加点汤水，放进锅里蒸，猪肚会涨厚一倍，又嫩又好吃。但注意不能先放盐，否则猪肚就会紧缩。

食材清洗

①将猪肚放入盆里，加入食盐、淀粉，揉搓。

②将猪肚冲洗干净。

③猪肚放在锅里的沸水中氽烫片刻，捞出，沥水。

食材加工

①取一块洗净切开了的猪肚，从中间切成两半。

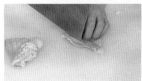
②取其中一半开始切丝。

③将猪肚都切成同样大小的丝即可。

爆炒猪肚

| 烹饪时间：2分钟 | 适宜人群：男性

原料

熟猪肚300克，胡萝卜120克，青椒30克，姜片、葱段各少许

调料

盐、鸡粉各2克，生抽、料酒、水淀粉各少许，食用油适量

做法

❶将熟猪肚去除油脂，切片；洗胡萝卜切薄片；青椒切片。

❷锅中注入清水烧开，倒入猪肚，去除异味，捞出，沥干。

❸另起锅，注入清水烧开，倒入胡萝卜，拌匀。

❹放入青椒、食用油、盐，煮至断生，捞出，沥干水分。

❺用油起锅，倒入姜片、葱段、猪肚、料酒，炒匀。

❻倒入胡萝卜、青椒炒熟，加盐、鸡粉、生抽、水淀粉调味即成。

制作指导

烹饪此菜时，宜用旺火快炒。

腰果炒猪肚

| 烹饪时间：4分钟 | 适宜人群：一般人群

原料

熟猪肚丝200克，熟腰果150克，芹菜70克，红椒60克，蒜片、葱段各少许

调料

盐2克，鸡粉3克，芝麻油、料酒各5毫升，水淀粉、食用油各适量

做法

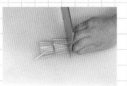

❶洗净的芹菜切小段；洗好的红椒去籽，切条。

❷用油起锅，倒入蒜片、葱段，爆香。

❸放入猪肚丝，翻炒至均匀。

❹淋入料酒，炒匀。

❺注入适量清水，加入红椒丝、芹菜段，炒匀。

❻加入盐、鸡粉，炒至均匀。

❼倒入水淀粉、芝麻油，拌匀。

❽炒约2分钟，盛出炒好的菜肴，加入熟腰果即可。

❶洋葱切条；洗净的彩椒去籽，切块；熟猪肚切片。

❷锅中注水烧开，加入食用油、盐、荷兰豆、洋葱、彩椒。

❸用油起锅，放入姜片、蒜末、葱段、猪肚，炒匀。

❹加入料酒、生抽、荷兰豆、洋葱、彩椒，炒匀。

荷兰豆炒猪肚

▌烹饪时间：2分钟　▌适宜人群：女性

🌶 原料

熟猪肚150克，荷兰豆100克，洋葱40克，彩椒35克，姜片、蒜末、葱段各少许

🍳 调料

盐3克，生抽5毫升，鸡粉2克，料酒10毫升，水淀粉5毫升，食用油适量

制作指导

荷兰豆不宜焯煮过久，以免破坏口感和营养。

❺放入鸡粉、盐、水淀粉炒匀，盛出装盘即可。

鸡肉

别名	家鸡肉、母鸡肉。
性味	性平、温,味甘。
归经	归脾、胃经。

✔ 适宜人群

虚劳瘦弱、面色萎黄者,以及体质虚弱或乳汁缺乏的产妇,月经不调、神疲无力的女性。

✘ 不宜人群

内火偏旺、感冒发热、胆囊炎、肥胖症、热毒疔肿、高血压、高血脂、尿毒症、严重皮肤疾病等患者。

营养功效

◎现代研究认为,鸡肉中氨基酸的组成与人体需要的十分接近,同时它所含有的脂肪酸多为不饱和脂肪酸,极易被人体吸收。

◎鸡肉含有的多种维生素、钙、磷、锌、铁、镁等成分,也是人体生长发育所必需的,对儿童的成长有重要意义。

◎中医认为,鸡肉可用于阳虚引起的乏力、浮肿、乳少、虚弱头晕等症。

TIPS

①烹饪后再将鸡肉去皮,不仅可减少脂肪摄入,还可以保证鸡肉味道的鲜美。

②鸡肉都要先放在水里烫透。因为鸡肉表皮受热后,毛孔张开,可以排除一些表皮脂肪油,达到去腥味的目的。

食材清洗

①将宰杀好的鸡放在流水下轻轻冲洗。

②把鸡油和脂肪切除。

③鸡肉切成小块,汆烫,捞起后沥干水即可。

食材加工

①取洗净的鸡腿肉一块,从中间切开,一分为二。

②取其中的一块,从边缘开始切条。

③将切好的条状肉放整齐,切成丁状即可。

五彩鸡米花

| 烹饪时间：2分钟 | 适宜人群：儿童 |

原料

鸡胸肉85克，圆椒 60克，哈密瓜50克，胡萝卜40克，茄子60克，姜末、葱末各少许

调料

盐、水淀粉3克，料酒3毫升，食用油适量

做法

❶将圆椒、胡萝卜切丁，哈密瓜、茄子、鸡胸肉切粒。

❷鸡肉放入盐、水淀粉、食用油，拌匀，腌渍3分钟。

❸锅中注水烧开，放入胡萝卜、茄子，煮1分钟至断生。

❹下入圆椒、哈密瓜，拌匀，再煮半分钟，捞出。

❺用油起锅，倒入姜末、葱末、鸡胸肉，炒至鸡肉转色。

❻加入料酒、焯过水的食材、盐，将炒好的材料盛出即可。

制作指导

焯煮食材时，要把握好时间，以免影响成菜鲜美的口感。

① 鸡腿肉切小块，芹菜斜刀切段，洗净的彩椒切菱形片。

② 热锅注油，倒入鸡块，炸至食材断生后捞出，沥干油。

③ 用油起锅，倒入姜末、蒜末、葱段、鸡块、料酒，炒匀。

④ 放入干辣椒，炒出辣味。

⑤ 加入盐、鸡粉、芹菜、彩椒、辣椒油，炒匀，盛出装在盘中即可。

🍴 做法

歌乐山辣子鸡

烹饪时间：2分钟 ┃ 适宜人群：女性

🌶 **原料**

鸡腿肉300克，干辣椒30克，芹菜12克，彩椒10克，葱段、蒜末、姜末各少许

🍲 **调料**

盐3克，鸡粉少许，料酒4毫升，辣椒油、食用油各适量

制作指导

鸡块可先用少许生粉腌渍一下再用油炸熟，这样肉质会更嫩。

鸡丁炒鲜贝

| 烹饪时间：3分钟 | 适宜人群：儿童

🌶 原料

鸡胸肉180克，香干70克，干贝85克，青豆65克，胡萝卜75克，姜片、蒜末、葱段各少许

🍲 调料

盐5克，鸡粉3克，料酒4毫升，水淀粉、食用油各适量

🍴 做法

❶香干切丁，去皮洗好的胡萝卜切丁，将洗净的鸡胸肉切丁。

❷鸡肉放盐、鸡粉、水淀粉、食用油，拌匀，腌渍10分钟。

❸锅中注水烧开，放入盐、青豆、食用油，拌匀。

❹放入香干、胡萝卜，煮1分钟，加入干贝，煮半分钟至熟。

❺把焯过水的材料捞出，沥干水分。

❻用油起锅，放入姜末、蒜末、葱段、鸡肉、料酒，炒匀。

❼倒入焯过水的食材，炒匀。

❽加入盐、鸡粉，炒匀，将锅中材料盛出，装入盘中即成。

油爆人参鸡脯

| 烹饪时间：3分钟 | 适宜人群：一般人群

原料

鸡胸肉230克，黄瓜200克，人参50克，彩椒40克，姜片、葱段各少许

调料

盐2克，鸡粉3克，料酒4毫升，水淀粉、食用油各适量

做法

①黄瓜斜刀切段，彩椒切小块，人参、鸡胸肉切片。

②鸡肉加盐、鸡粉、水淀粉、食用油，腌渍约10分钟。

③热锅注油，倒入鸡胸肉，拌匀，滑油约半分钟，至其变色。

④捞出，待用。

⑤锅底留油烧热，倒入人参片，炒匀。

⑥放入姜片、葱段、黄瓜、彩椒，炒至其变软。

⑦放入鸡胸肉、盐、鸡粉、料酒，炒匀。

⑧倒入水淀粉，炒至食材入味，盛出炒好的菜肴即可。

做法

① 洗好的红枣去核，把果肉切细丝，洗净的鸡胸肉切细丝。

② 锅中注水烧开，倒入鸡胸肉煮至变色，捞出，沥干水分。

③ 沸水锅中倒入虫草花，拌匀，捞出，沥干水分。

④ 用油起锅，倒入鸡肉，炒匀。

⑤ 加入料酒、红枣、虫草花、鸡粉、盐、白糖、生抽、燕窝、水淀粉，炒熟即可。

虫草花炒鸡胸肉

▌烹饪时间：3分钟 ▌适宜人群：男性

原料

水发虫草花230克，鸡胸肉60克，红枣、燕窝各少许

调料

盐、鸡粉、白糖各2克，生抽、料酒各3毫升，食用油少许

制作指导

虫草花焯煮至软即可，不可时间过长，以免口感变差。

鸭肉

别名	鹜肉、家凫肉、扁嘴娘肉、白鸭肉。
性味	性寒、味甘、咸。
归经	归脾、胃、肺、肾经。

✔ 适宜人群

营养不良、上火、低热、虚弱、女性月经少、糖尿病、肝硬化腹水、肺结核、慢性肾炎水肿等患者。

✘ 不宜人群

阳虚脾弱、外感未清、便泻肠风者。

🍖 营养功效

◎鸭肉中的脂肪主要是不饱和脂肪酸和低碳饱和脂肪酸，易于消化。

◎中医认为，鸭肉具有滋五脏之阴、清虚劳之热、补血行水、养胃生津、止咳息惊等功效。

◎现代医学研究认为，经常食用鸭肉，除能补充人体必需的多种营养成分外，对一些低烧、食少、口干、大便干燥和有水肿的人也有很好的食疗效果。

TIPS

①冷冻的鸭肉吃起来没有活鸭的肉新鲜可口。可将其放入姜汁中，浸泡3～5分钟，还可保持其色泽的美观。

②在炖鸭汤时加几片橘皮或芹菜叶，不仅能使汤的味道清香，还能减少油腻感。

食材清洗

①鸭子清洗，放入盆中，加入姜片和清水，浸泡。

②鸭子冲洗干净，放入沸水锅中，进行氽烫。

③用清水清洗鸭子，沥干水分即可。

食材加工

①取洗净的鸭腿，用直刀法切成块。

②用直刀法依次切块。

③将剩余的鸭腿切成均匀的块即可。

彩椒黄瓜炒鸭肉

▎烹饪时间：3分钟 ▎适宜人群：一般人群

🌶 原料

鸭肉180克，黄瓜90克，彩椒30克，姜片、葱段各少许

🍲 调料

生抽5毫升，盐2克，鸡粉2克，水淀粉8毫升，料酒、食用油各适量

🍴 做法

①彩椒切小块；黄瓜去瓤，切块；鸭肉去皮，切丁。

②鸭肉加入生抽、料酒、水淀粉，拌匀，腌渍约15分钟。

③用油起锅，放入姜片、葱段、鸭肉，翻炒匀。④放入料酒、彩椒，炒匀。

⑤倒入黄瓜，炒匀。

⑥加入盐、鸡粉、生抽、水淀粉，盛出炒好的菜肴即可。

制作指导

鸭肉油脂含量较少，因此炒制时间不要过久，以免影响口感。

泡椒炒鸭肉

烹饪时间：6分钟　　适宜人群：男性

🌶 原料

鸭肉200克，灯笼泡椒60克，泡小米椒40克，姜片、蒜末、葱段各少许

🍲 调料

豆瓣酱10克，盐3克，鸡粉2克，生抽少许，料酒5毫升，水淀粉、食用油各适量

🍴 做法

❶将灯笼泡椒切小块，泡小米椒切小段，鸭肉切小块。

❷鸭肉加生抽、盐、鸡粉、料酒、水淀粉，腌渍约10分钟。

❸锅中注入清水烧开，倒入鸭肉块，煮约1分钟。

❹捞出，沥干水分。

❺用油起锅，放入鸭肉块，炒匀。

❻放入蒜末、姜片，炒匀。

❼加入料酒、生抽、泡小米椒、灯笼泡椒，翻炒片刻。

❽放入豆瓣酱、鸡粉、清水，水淀粉、葱段，炒熟即可。

❶香菇切片；白玉菇去根部；彩椒、圆椒切粗丝。

❷鸭肉切条，加盐、生抽、料酒、水淀粉、食用油腌渍。

❸将香菇、白玉菇、彩椒、圆椒煮断生，捞出，沥干水分。

❹用油起锅，放入姜片、蒜片、鸭肉，放入食材，炒匀。

❺加入盐、鸡粉、水淀粉、料酒，盛出炒好的菜肴即可。

鸭肉炒菌菇

▌烹饪时间：3分钟　▌适宜人群：一般人群

🌶 原料

鸭肉170克，白玉菇100克，香菇60克，彩椒、圆椒各30克，姜片、蒜片各少许

🍲 调料

盐3克，鸡粉2克，生抽2毫升，料酒4毫升，水淀粉5毫升，食用油适量

制作指导

鸭肉汆煮一会儿再炒，可去除腥味。

✖ 做法

❶胡萝卜、圆椒、彩椒切丁，洗好的鸭肉切丁。

❷鸭肉加入盐、生抽、料酒、水淀粉、食用油，腌渍10分钟。

❸将胡萝卜、豌豆、彩椒、圆椒焯水后捞出，沥干水分。

❹用油起锅，倒入姜片、葱段、鸭肉、蒜末，炒香。

❺加入料酒、食材、盐、白糖、鸡粉、胡椒粉、水淀粉炒匀即可。

胡萝卜豌豆炒鸭丁

▌烹饪时间：2分钟　　▌适宜人群：一般人群

🌶 原料

鸭肉300克，豌豆120克，胡萝卜60克，圆椒20克，彩椒20克，姜片、葱段、蒜末各少许

🍲 调料

盐、生抽、料酒、水淀粉、白糖、胡椒粉、鸡粉、食用油各适量

制作指导

豌豆不宜炒制过久，以免炒老了影响口感。

菠萝炒鸭丁

| 烹饪时间：2分钟 | 适宜人群：女性

🌶️ 原料

鸭肉200克，菠萝肉180克，彩椒50克，姜片、蒜末、葱段各少许

🍲 调料

盐4克，鸡粉2克，蚝油5克，料酒6毫升，生抽8毫升，水淀粉、食用油各适量

🍴 做法

❶将菠萝肉切丁，洗净的彩椒切小块，洗好的鸭肉切小块。

❷鸭肉加入生抽、料酒、盐、鸡粉、水淀粉、食用油，拌匀。

❸锅中注入清水烧开，加入食用油。

❹放入菠萝丁、彩椒块，煮约半分钟。

❺捞出焯好的食材，沥干水分。

❻用油起锅，放入姜片、蒜末、葱段、鸭肉块，炒匀。

❼放入料酒、焯煮好的食材，翻炒几下。

❽加入蚝油、生抽、盐、鸡粉、水淀粉炒匀，放在盘中即成。

鸡蛋

别名	鸡卵、鸡子。
性味	味甘、平。
归经	归脾、胃经。

✔ 适宜人群

一般人都适合，尤其适合婴幼儿、孕妇、产妇、恢复期的病人。

✘ 不宜人群

无

营养功效

◎鸡蛋富含DHA和卵磷脂、卵黄素，对神经系统和身体发育有利，能健脑益智，改善记忆力，并促进肝细胞再生。

◎蛋黄中的卵磷脂可促进肝细胞的再生，可提高人体血浆蛋白量，增强机体的代谢功能和免疫功能。

◎鸡蛋中还含有较丰富的铁，铁元素在人体起造血和在血中运输氧和营养物质的作用。

TIPS

鸡蛋吃法多种多样，就营养的吸收和消化率来讲，煮鸡蛋是最佳的吃法。不过，对儿童来说，还是蒸蛋羹、蛋花汤最适合。

食材清洗

①将鸡蛋放入盆里，加入清水，用手清洗鸡蛋。

②用手将所有的鸡蛋冲洗干净。

③将鸡蛋放在流水下，冲洗干净，沥干水分即可。

食材加工

①取煮熟去壳的鸡蛋，纵向对切。

②取其中的一半，再纵向对切。

③将另一半鸡蛋也用刀对半切开。

鸡蛋炒豆渣

▌烹饪时间：2分30秒 ▌适宜人群：男性

🌶️ 原料

豆渣120克，彩椒35克，鸡蛋3个

🍲 调料

盐、鸡粉各2克，食用油适量

🍴 做法

❶将洗净的彩椒切条，改切成丁。

❷把鸡蛋打入碗中，加盐、鸡粉，调匀，制成蛋液，待用。

❸炒锅烧热，倒入食用油，放入豆渣，用小火炒干，盛出。

❹用油起锅，倒入彩椒丁，炒香，加少许盐、鸡粉炒匀调味。

❺关火后盛出炒好的彩椒，待用。

❻另起油锅烧热，倒入蛋液炒匀，放入彩椒、豆渣炒匀即可。

制作指导

豆渣不宜用大火炒，以免将其炒糊了，影响口感。

做法

❶洗好的陈皮切丝。

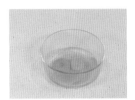

❷取碗，打入鸡蛋。

❸加入陈皮丝、盐、姜汁、水淀粉，拌至均匀。

❹用油起锅，倒入蛋液炒至鸡蛋成形。

❺撒上葱花，略炒片刻，盛出炒好的菜肴，装入盘中即可。

陈皮炒鸡蛋

烹饪时间：2分钟 ｜ 适宜人群：一般人群

原料

鸡蛋3个，水发陈皮5克，姜汁100毫升，葱花少许

调料

盐3克，水淀粉、食用油各适量

制作指导

陈皮需要用水泡开，这样味道更易散发出来。

萝卜干肉末炒鸡蛋

▋烹饪时间：3分钟 ▋适宜人群：老年人

🌶️ 原料

萝卜干120克，鸡蛋2个，肉末30克，干辣椒5克，葱花少许

🍲 调料

盐、鸡粉各2克，生抽3毫升，水淀粉、食用油各适量

🍴 做法

①将鸡蛋打入碗中，加入盐、鸡粉、水淀粉，制成蛋液。

②将洗净的萝卜干切成丁。

③锅中注入清水烧开，倒入萝卜丁。

④拌匀，焯煮约半分钟，至其变软后捞出，沥干水分。

⑤用油起锅，倒入蛋液，盛出炒好的鸡蛋，装入碗中。

⑥锅底留油烧热，放入肉末，炒至松散。

⑦加入生抽、干辣椒，炒匀。

⑧倒入萝卜丁、鸡蛋、盐、鸡粉炒匀，盛出放上葱花即可。

鸭蛋

别名	鸭卵、鸭子、青皮。
性味	性凉，味甘、咸。
归经	归肺、胃经。

✔ 适宜人群

肺热咳嗽、咽喉痛、泄痢者。

✘ 不宜人群

脾阳不足、寒湿下痢、食后气滞痞闷者、癌症患者、
高血压病、高脂血症、动脉硬化及脂肪肝患者。

💪 营养功效

◎鸭蛋中蛋白质的含量和鸡蛋一样，比较高，有强
壮身体的作用。

◎鸭蛋中各种矿物质的总量超过鸡蛋很多，特别是
人体中迫切需要的铁和钙，在咸鸭蛋中更是丰富，
对骨骼发育有利，并能预防贫血。

◎鸭蛋含有较多的维生素B2，是补充B族维生素的理
想食品之一。

TIPS

①鸭蛋也可以像鸡蛋一样吃，怕
腥可以加些姜汁。
②鸭蛋还可做成咸蛋食用。

 食材清洗

①将鸭蛋放进盆里，然后
注入清水。

②用毛刷刷洗鸭蛋表面。

③用清水将鸭蛋冲洗干
净，沥干水分即可。

 食材加工

 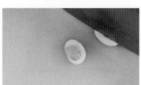 

①取煮熟、去壳的鸭蛋，
纵向对半切开。

②取其中的一半，用直刀
法切块。

③将所有的鸭蛋切成均匀
的块即可。

嫩姜炒鸭蛋

▌烹饪时间：2分钟 ▌适宜人群：一般人群

🌶 **原料**

嫩姜90克，鸭蛋2个，葱花少许

🍲 **调料**

盐4克，鸡粉2克，水淀粉4毫升，食用油少许

🍴 **做法**

❶洗净的嫩姜切细丝。

❷姜丝装入碗中，加入盐，拌匀，放入清水中，洗去盐分。

❸鸭蛋打入碗中，放入葱花。

❹加入鸡粉、盐、水淀粉，用筷子搅匀。

❺炒锅注油烧热，倒入姜丝，炒至变软。

❻倒入蛋液，盛出炒好的鸭蛋，装入盘中即可。

制作指导

姜丝切小丁后炒制，吃起来口感更佳。

茭白木耳炒鸭蛋

┃ 烹饪时间：2分钟 ┃ 适宜人群：一般人群

原料

茭白300克，鸭蛋2个，水发木耳40克，葱段少许

调料

盐4克，鸡粉3克，水淀粉10毫升，食用油适量

做法

❶将洗好的木耳切成小块，洗净的茭白切成片。

❷将鸭蛋打入碗中，放入盐、鸡粉、水淀粉，调匀。

❸放入盐、鸡粉、茭白、木耳，拌匀，煮1分钟至七成熟。

❹捞出焯煮好的食材，装盘。

❺用油起锅，倒入蛋液，搅散，翻炒至七成熟，盛出备用。

❻另起锅，注油烧热，放入葱段、茭白、木耳，炒匀。

❼放入鸭蛋，炒匀。

❽加入盐、鸡粉、水淀粉，炒匀，盛出炒好的食材，装盘即可。

鸭蛋炒洋葱

▌烹饪时间：2分钟　▌适宜人群：男性

 原料

鸭蛋2个，洋葱80克

 调料

盐3克，鸡粉2克，水淀粉4毫升，食用油适量

制作指导

调好的蛋液中加入少许鱼露，拌匀后再炒制，可去除鸭蛋的腥味。

❶去皮洋葱切成丝。

❷鸭蛋打入碗中，放入鸡粉、盐。

❸倒入水淀粉，用筷子打散、调匀。

❹锅中倒入食用油烧热，放入洋葱，炒至洋葱变软。

❺加入盐、蛋液，炒匀，将炒熟的鸭蛋盛出，装入盘中即可。

鹌鹑蛋

别名	鹑鸟蛋、鹌鹑卵。
性味	性平，味甘。
归经	归心、肝、肺、胃、肾经。

✔ 适宜人群

一般人均可食用，尤其适宜婴幼儿、孕产妇、老人、病人及身体虚弱的人食用。

✘ 不宜人群

脑血管病人不宜多食鹌鹑蛋。

营养功效

◎鹌鹑蛋中所含的丰富的卵磷脂和脑磷脂，是高级神经活动不可缺少的营养物质，具有健脑的作用。

◎鹌鹑蛋中还含有能减低血压的维生素P等物质，是心血管疾病患者的滋补佳品。

◎经常食用鹌鹑蛋，能缓解失眠、神经衰弱以及多梦等问题。

TIPS

①鹌鹑蛋是一种美食，通常煮至全熟或半熟后去壳，可用于沙拉中，也可以腌渍、水煮或做胶冻食物。

②生的鹌鹑蛋必须经过烹调煮熟再食用。

食材清洗

①用清水冲洗鹌鹑蛋。

②可用手搓洗一下。

③将鹌鹑蛋冲洗干净即可。

食材加工

①取煮熟、剥皮的鹌鹑蛋，从中对切一分为二。

②取其中的一半，再从中间对半切开。

③将所有的鹌鹑蛋切成均匀的块状即可。

肉末炸鹌鹑蛋

▌烹饪时间：4分钟　▌适宜人群：一般人群

原料

熟鹌鹑蛋125克，肉末60克

调料

盐1克，鸡粉1克，生粉3克，生抽3毫升，老抽2毫升，食用油适量

做法

①将肉末装入碗中，加入生抽、盐、鸡粉，拌匀。

②撒上生粉，拌匀。

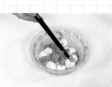

③加入清水、老抽、熟鹌鹑蛋，拌匀。

④包裹上肉末，装在盘中。

⑤热锅注油，放入裹好的鹌鹑蛋，炸至其断生。

⑥炸至食材熟透，捞出，取盘子，放入鹌鹑蛋，摆好盘即可。

制作指导

肉末可多搅拌一会儿，吃起来更劲道。

鹌鹑蛋烧板栗

| 烹饪时间：17分钟 | 适宜人群：儿童

🌶 **原料**

熟鹌鹑蛋120克，胡萝卜80克，板栗肉70克，红枣15克

🍲 **调料**

盐、鸡粉各2克，生抽5毫升，生粉15克，水淀粉、食用油各适量

🍴 **做法**

①将熟鹌鹑蛋放入碗中，加入生抽、生粉，拌匀。

②把去皮洗净的胡萝卜切滚刀块，洗好的板栗肉切小块。

③热锅注油，烧至四成热，下入鹌鹑蛋，炸至呈虎皮状。

④倒入板栗，炸至其水分全干，捞出，沥干油。

⑤用油起锅，注入清水，倒入洗净的红枣、胡萝卜块。

⑥放入食材，拌匀，使全部食材混合匀，加入盐、鸡粉。

⑦煮沸后用小火焖煮约15分钟至全部食材熟透。

⑧淋入水淀粉勾芡，盛出炒好的食材，放入碗中即成。

PART 4
水产
小炒

　　水产是一类非常受欢迎的食材。它们是蛋白质、无机盐和维生素的良好来源，味道也非常鲜美，是深受人们欢迎的饮食佳品。水产类食材所含有的脂肪不但含量低，而且多数为不饱和脂肪酸，非常有利于健康。水产类食材中所含的蛋白质与人体组织蛋白质的组成相似，因此生理价值较高，属于优质蛋白。水产不仅新鲜美味，而且小炒既能保留水产的鲜美，制作方法上又方便快捷。

草鱼

别名	鲩鱼、草鲩、白鲩、油鲩、混子。
性味	性温，味甘。
归经	归肝、胃经。

✔ 适宜人群

冠心病、高血压、高血脂患者，心血管疾病、小儿发育不良者，水肿、肺结核、风湿头痛患者、产后乳少、体虚气弱者。

✗ 不宜人群

女子在月经期不宜食用。

 营养功效

◎草鱼肉富含不饱和脂肪酸，有助于预防心血管等疾病。
◎草鱼富含硒，可以抗衰老、养颜、预防肿瘤。
◎中医认为，草鱼肉性温味甘，无毒，有补脾暖胃、补益气血、平肝祛风的功效。

TIPS

①将草鱼放在水中，游在水底层，且鳃盖起伏均匀在呼吸的为鲜活草鱼。
②炒鱼肉的时间不能过长，要用低温油炒，至鱼肉变白即可。

 食材清洗

①用刀将草鱼的鱼鳞刮除干净，冲洗干净。

②清理干净草鱼的内脏，刮去鱼腹内的黑膜。

③用刀将鳃丝切除，用清水冲洗干净即可。

 食材加工

①将洗净的鱼的尾鳍、腹鳍、鳃鳍切掉。

②以剖腹口为切入口，一分为二。

③将鱼肉切成厚片，即可用于烹饪。

菠萝炒鱼片

┃烹饪时间：2分钟 ┃适宜人群：一般人

🌶 原料

菠萝肉75克，草鱼肉150克，红椒25克，姜片、蒜末、葱段各少许

🍲 调料

豆瓣酱7克，盐2克，鸡粉2克，料酒4毫升，水淀粉、食用油各适量

🍴 做法

❶将菠萝肉去芯，切片，洗净的红椒切块，草鱼肉切片。

❷鱼片加盐、鸡粉、水淀粉、食用油，拌匀腌渍。

❸热锅注油，烧至五成热，放入备好的鱼片，拌匀。

❹滑油至断生，捞出，沥干油。

❺用油起锅，放姜、蒜、葱段、红椒块、菠萝肉，炒匀。

❻加入鱼片、盐、鸡粉、豆瓣酱、料酒、水淀粉，炒熟即成。

制作指导

菠萝切好后要放在淡盐水中浸泡一会儿，以消除其涩口的味道。

木耳炒鱼片

| 烹饪时间：2分钟 | 适宜人群：女性

原料

草鱼肉120克，水发木耳50克，彩椒40克，姜片、葱段、蒜末各少许

调料

盐3克，鸡粉2克，生抽3毫升，料酒5毫升，水淀粉、食用油各适量

做法

①将洗净的木耳、彩椒切小块，洗净的草鱼肉切片。

②加入鸡粉、盐、水淀粉、食用油，拌匀，腌渍约10分钟。

③热锅注油，烧至四成热，放入滤勺，倒入鱼肉，轻轻晃动。

④至鱼肉断生，捞出，沥干油。

⑤锅底留油，放入姜片、蒜末、葱段、彩椒块、木耳，炒匀。

⑥倒入滑过油的草鱼片，淋入料酒。

⑦加入鸡粉、盐、生抽，拌匀。

⑧淋入水淀粉，盛出炒好的菜肴，放在盘中即成。

菊花草鱼

▌烹饪时间：7分钟 ▌适宜人群：一般人群

🌶 原料

草鱼900克，西红柿100克，葱花少许

🍲 调料

盐2克，白糖2克，生粉5克，水淀粉5毫升，料酒4毫升，番茄酱、食用油各适量

制作指导

炸好的鱼可以用厨房纸吸走多余油分，以免太油腻。

❶ 西红柿洗净切丁；草鱼洗净去骨取肉，切段，切一字刀。

❷ 鱼肉放入碗中，加入盐、料酒，拌匀腌渍，加生粉，拌匀。

❸ 用油起锅，烧热，放入鱼肉炸至金黄色，捞出，沥干油。

❹ 起锅注油烧热，放西红柿、番茄酱，炒至食材出汁。

❺ 加水、盐、白糖、水淀粉煮沸，浇在鱼肉上，撒葱花即可。

鳝鱼

别名	黄鳝、长鱼。
性味	性温，味甘。
归经	归肝、脾、肾经。

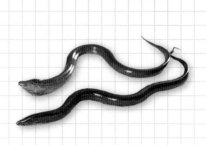

✔ 适宜人群

身体虚弱、气血不足、风湿痹痛、四肢酸痛、高血脂、冠心病、动脉硬化、糖尿病患者。

✘ 不宜人群

瘙痒性皮肤病、痼疾宿病、支气管哮喘、淋巴结核、癌症、红斑性狼疮等患者。

营养功效

◎鳝鱼肉富含DHA、EPA，能强化脑力，预防心血管疾病。
◎鳝鱼肉中独具的鳝鱼素，有助于降低并调节血糖的功能。
◎鳝鱼肉中的维生素A可以增进视力，促进皮膜的新陈代谢。

TIPS

①黄鳝宜现杀现烹，因为黄鳝体内含组氨酸较多，趁鲜烹调味很鲜美，死后的黄鳝体内的组氨酸会转变为有毒物质，故所加工的黄鳝必须是活的。
②将黄鳝背朝下铺在砧板上，鳝肉比较紧实，需要用力拍打。

 食材清洗

①用刀在黄鳝的头部切一个小口，洗净。

②将黄鳝背部朝上放置，用刀将身体拍平。

③把黄鳝放在流水下冲洗干净，沥干水分即可。

 食材加工

①取一段洗净去骨的黄鳝肉，切去尾部。

②用刀从中间切成两半。

③将黄鳝肉切成均匀的丝状即可。

绿豆芽炒鳝丝

烹饪时间：2分钟 | 适宜人群：男性

原料

绿豆芽40克，鳝鱼90克，青椒、红椒各30克，姜片、蒜末、葱段各少许

调料

盐3克，鸡粉3克，料酒6毫升，水淀粉、食用油各适量

做法

❶洗净的红椒、青椒去籽，切丝；将处理干净的鳝鱼切丝。

❷鳝鱼丝放入鸡粉、盐、料酒、水淀粉、食用油，拌匀腌渍。

❸用油起锅，放姜、蒜、葱段、青椒、红椒、鳝鱼丝，炒匀。

❹加入料酒、绿豆芽，炒匀。

❺放入盐、鸡粉、水淀粉，炒匀。

❻将锅中食材快速炒匀，把炒好的材料盛出，装入盘中即可。

制作指导

腌渍好的鳝鱼可以放入沸水中汆煮片刻，去除腥味。

✕🍴 做法

❶ 洗净的红椒、青椒去籽，切条，处理好的鳝鱼肉切条。

❷ 用油起锅，放入鳝鱼、姜片、葱花，翻炒匀。

❸ 淋入料酒，倒入青椒、红椒，放入洗净切好的茶树菇，炒约2分钟。

❹ 放入盐、生抽、鸡粉、料酒，炒匀，倒入水淀粉勾芡。

❺ 盛出炒好的菜肴，装入盘中即可。

茶树菇炒鳝丝

▌烹饪时间：6分钟　▌适宜人群：一般人群

🌶 原料

鳝鱼200克，青椒、红椒各10克，茶树菇适量，姜片少许

🍲 调料

盐2克，鸡粉2克，生抽、料酒各5毫升，水淀粉、食用油各适量

制作指导

茶树菇可用热水烫一会儿，这样能去除异味。

竹笋炒鳝段

▌烹饪时间：2分钟　　▌适宜人群：女性

🌶 **原料**

鳝鱼肉130克，竹笋150克，青椒、红椒各30克，姜片、蒜末、葱段各少许

🍲 **调料**

盐3克，鸡粉2克，料酒5毫升，水淀粉、食用油各适量

🍴 **做法**

①鳝鱼肉、竹笋洗净切片，洗净的青椒、红椒切块。

②鳝鱼片加盐、鸡粉、料酒、水淀粉，拌匀腌渍。

③锅中注入清水烧开，加入盐、竹笋片，煮约1分钟。

④至食材断生后捞出，沥干水分。

⑤把备好的鳝鱼片倒入沸水锅中，搅匀，汆煮片刻。

⑥捞出汆好的鳝鱼片，沥干水分。

⑦用油起锅，放入姜片、蒜末、葱段、青椒、红椒，炒匀。

⑧放竹笋、鳝鱼片、料酒、鸡粉、盐、水淀粉，炒熟即成。

墨鱼

别名	乌贼、花枝、墨斗鱼、乌鱼、瞑斗鱼、乌侧鱼、缆鱼。
性味	性温，味微咸。
归经	归肝、肾经。

✔ 适宜人群
高血压、高血脂、动脉硬化患者。

✖ 不宜人群
痛风、尿酸过多、过敏体质、湿疹患者。

营养功效

◎墨鱼含蛋白质、碳水化合物、多种维生素和钙、磷、铁等矿物质，具有壮阳健身、益血补肾、健胃理气的功效。

◎墨鱼具有通经、催乳、补脾、滋阴、调经、止带之功效，可用于女性经血不调、水肿、湿痹、痔疮、脚气等症的食疗。

TIPS

①食用墨鱼的方法有红烧、爆炒、熘、炖、烩、凉拌，还可制成乌鱼馅饺子和乌鱼肉丸子。

②食用新鲜墨鱼时一定要去除内脏，因为其内脏中含有大量的胆固醇。

食材清洗

①撕掉墨鱼的表皮，将鱼骨拉出。

②把内脏和眼睛摘除，用清水洗干净。

③放进碗里，加淀粉、水，浸泡10分钟。

食材加工

①用斜刀法切墨鱼肉。

②将墨鱼肉斜切成均匀的薄片。

③将所有的墨鱼斜切成厚薄一致的长方片。

姜丝炒墨鱼须

烹饪时间： 2分钟 ┃ **适宜人群：** 女性

🌶️ 原料

墨鱼须150克，红椒30克，生姜35克，蒜末、葱段各少许

🍲 调料

豆瓣酱8克，盐、鸡粉各2克，料酒5毫升，水淀粉、食用油各适量

🍴 做法

❶洗净的生姜切丝，洗好的红椒切丝，洗净的墨鱼须切段。

❷锅中注入清水烧开，倒入墨鱼须。

❸淋入料酒，拌匀，续煮约半分钟，捞出，沥干水分。

❹用油起锅，放入蒜末，撒上红椒丝、姜丝、爆香。

❺倒入墨鱼须、料酒，炒匀。

❻放豆瓣酱、盐、鸡粉、水淀粉，炒熟，撒葱段，炒香即成。

制作指导

墨鱼须汆水前先拍上少许生粉，这样更容易保有其鲜美的口感。

芦笋腰果炒墨鱼

| 烹饪时间：4分钟 | 适宜人群：老年人

🌶 原料

芦笋80克，腰果30克，墨鱼100克，彩椒50克，姜片、蒜末、葱段各少许

🍲 调料

盐4克，鸡粉3克，料酒8毫升，水淀粉6毫升，食用油适量

🍴 做法

①芦笋切段，洗好的彩椒切小块，处理干净的墨鱼切片。

②墨鱼加入盐、鸡粉、料酒、水淀粉拌匀，腌渍10分钟。

③锅中放清水，加入盐、腰果，煮1分钟，捞出，沥干水分。

④倒入食用油，放入彩椒、芦笋，煮半分钟，捞出。

⑤墨鱼倒入沸水锅中，汆烫片刻，捞出，沥干水分。

⑥热锅注油，倒入腰果，炸至呈微黄色，捞出，沥干油。

⑦锅底留油，放入姜片、蒜末、葱段、墨鱼、料酒，炒匀。

⑧放入彩椒、芦笋、鸡粉、盐、水淀粉，炒熟，放上腰果即成。

① 洗净的彩椒切块；洗好的墨鱼先划十字花刀，切块。

② 锅中注水烧开，倒入墨鱼块，焯水，捞出，沥干水分。

③ 用油起锅，倒入姜、蒜爆香，放甜椒块、墨鱼块，炒匀。

④ 加料酒、黑蒜、清水、盐、白糖、鸡粉、水淀粉，炒匀。

⑤ 放入芝麻油翻炒至熟，盛出炒好的菜肴，装入盘中即可。

黑蒜烧墨鱼

| 烹饪时间：5分钟　| 适宜人群：一般人群

原料

黑蒜70克，墨鱼150克，彩椒65克，蒜末、姜片各少许

调料

盐、白糖各2克，鸡粉3克，料酒5毫升，水淀粉、芝麻油、食用油各适量

制作指导

墨鱼不要炒太老了，否则口感会不好。

鳕鱼

别名	明太鱼、大口鱼、大头青、大头腥。
性味	性平，味甘。
归经	归肝、胃经。

✔ 适宜人群

一般人群都可以食用，尤其适合便秘、脚气、咯血等患者。

✗ 不宜人群

痛风、尿酸过高患者忌食。

营养功效

◎鳕鱼肉富含不饱和脂肪酸，能降低胆固醇，预防心血管疾病。

◎鱼肉中含有丰富的镁元素，对心血管系统有很好的保护作用，有利于预防高血压、心肌梗死等心血管疾病。

◎鳕鱼鱼脂中含有球蛋白、磷的核蛋白，还含有儿童发育所必需的各种氨基酸，构成很合理，又容易被人消化吸收，能促进儿童的生长发育。

TIPS

①鳕鱼肉以清蒸、红烧、油炸、盐渍较多。

②尽量挑选新鲜的鳕鱼，如果是冰冻的鳕鱼，烹调前请使其自然解冻，切勿放入水中、微波炉中解冻。

食材清洗

①将鳕鱼放入在流水下面冲洗。

②用手将表皮撕干净。

③将鳕鱼冲洗干净，沥干水分即可。

食材加工

①取洗净的鳕鱼肉，用刀切片状。

②将片的两端切平整，对半切开呈条状。

③将条切成丁状。

四宝鳕鱼丁

| 烹饪时间：2分钟 | 适宜人群：男性

🌶 原料

鳕鱼肉200克，胡萝卜150克，鲜香菇50克，豌豆100克，玉米粒90克，姜片、蒜末、葱段各少许

🍲 调料

盐3克，鸡粉2克，料酒5毫升，水淀粉、食用油各适量

🍴 做法

❶将洗净的胡萝卜、香菇切丁，洗净的鳕鱼肉切丁。

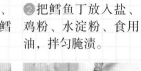

❷把鳕鱼丁放入盐、鸡粉、水淀粉、食用油，拌匀腌渍。

❸豌豆、胡萝卜丁、香菇丁、玉米粒焯水后捞出，沥干水分。

❹热锅注油烧热，倒入鳕鱼丁，拌至变色，捞出，沥干油。

❺用油起锅，放姜、蒜、葱段、焯过水的食材，炒匀。

❻放鳕鱼丁、盐、鸡粉、料酒，炒熟，放水淀粉，炒匀即成。

制作指导

鳕鱼丁滑油时的油温不宜太高，以免将鱼肉炸老了。

① 去皮洗净的洋葱切
粒；洗好的西红柿去
蒂，切小块。

② 洗净的鳕鱼装入碗
中，放入料酒、盐、
生粉，拌匀。

③ 锅中倒入橄榄油，
放入鳕鱼，煎至焦黄
色，盛出。

④ 锅中注入清水，倒
入玉米粒、豌豆，煮
至食断生，捞出。

⑤ 放洋葱、西红柿、
玉米粒、豌豆、盐、
番茄酱、水淀粉。

茄汁鳕鱼

█ 烹饪时间：3分钟　　█ 适宜人群：老年人

🌶 **原料**

鳕鱼200克，西红柿100克，洋葱30
克，豌豆40克，鲜玉米粒40克

🍲 **调料**

盐2克，生粉3克，料酒3毫升，番茄
酱10克，水淀粉、橄榄油各适量

制作指导

煎鳕鱼时宜用小火，否
则容易煎煳。

辣酱焖豆腐鳕鱼

| 烹饪时间：3分钟 | 适宜人群：一般人群

🌶️ 原料

鳕鱼肉270克，豆腐200克，青椒35克，红椒20克，蒜末、葱花各少许

🍲 调料

盐2克，生抽4毫升，料酒6毫升，生粉5克，辣椒酱、食用油各适量

🍴 做法

❶豆腐切块，洗净的青椒、红椒切块，鳕鱼洗净切小块。

❷煎锅置于火上，倒入食用油烧热。

❸将鳕鱼块裹上生粉，放入油锅中，煎至焦黄色，盛出。

❹用油起锅，放入蒜末，爆香。

❺倒入青椒、红椒、辣椒酱，炒匀。

❻注入清水，搅拌片刻，加入盐、生抽。

❼放入鳕鱼、豆腐，淋入少许料酒。

❽煮约15分钟至入味，盛出菜肴装入盘中，撒上葱花即可。

鱿鱼

别名	柔鱼、枪乌贼、小管仔。
性味	性温、味甘。
归经	归肝、肾经。

✔ 适宜人群

骨质疏松、缺铁性贫血、月经不调、减肥者。

✘ 不宜人群

内分泌失调、甲亢、皮肤病、脾胃虚寒、过敏性体质患者。

 营养功效

◎ 鱿鱼富含钙、磷、铁元素，利于骨骼发育和造血，能有效治疗贫血。

◎ 鱿鱼含有的多肽和硒等微量元素，有抗病毒防辐射的作用。

◎ 鱿鱼是含有大量牛磺酸的一种低热量食品物，可抑制血中的胆固醇含量，预防成人病，缓解疲劳，恢复视力，改善肝脏功能。

TIPS

①鱿鱼出锅前，放上非常稀的水淀粉，可以使鱿鱼更有滋味。

②干鱿鱼发好后可以在炭火上烤后直接食用，也可氽汤、炒食和烩食。

 食材清洗

①将鱿鱼放入盆中，注入清水清洗一遍。

②取出软骨，剥开外皮，取出鱿鱼肉，洗干净。

③剪去鱿鱼的内脏、眼睛、外皮，洗净，沥干。

 食材加工

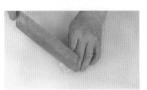
①取洗净的鱿鱼肉，将鱿鱼的圆形开口切整齐。

②从鱿鱼圆形开口的那端用直刀切圈。

③用同样的方法把整块鱿鱼肉切完即可。

干煸鱿鱼丝

| 烹饪时间：2分钟 | 适宜人群：一般人群

🌶 原料

鱿鱼200克，猪肉300克，青椒30克，红椒30克，蒜末、干辣椒、葱花各少许

🍲 调料

盐3克，鸡粉3克，料酒8毫升，生抽5毫升，辣椒油5毫升，豆瓣酱10克，食用油适量

🍴 做法

❶锅中注入清水烧开，放入猪肉，煮10分钟，捞出。

❷洗净的青椒、红椒切圈，猪肉切条，处理好的鱿鱼切条。

❸将鱿鱼装入碗中，放入盐、鸡粉、料酒，拌匀，腌渍。

❹锅中注入清水烧开，倒入鱿鱼丝，煮至变色，捞出。

❺用油起锅，放猪肉条、生抽、干辣椒、蒜末、豆瓣酱，炒匀。

❻放红椒、青椒、鱿鱼丝、盐、鸡粉、辣椒油、葱花，炒熟即可。

制作指导

鱿鱼在焯水的时候，时间不宜过久，以免影响口感。

酱爆鱿鱼圈

 烹饪时间：2分钟 │ 适宜人群：一般人群

🌶 原料

鱿鱼250克，红椒25克，青椒35克，洋葱
45克，蒜末10克，姜末10克

🍲 调料

豆瓣酱30克，料酒5毫升，鸡粉2克，食用油
适量

🍴 做法

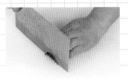

❶洋葱切丝，洗净的
红椒、青椒切丝，处
理好的鱿鱼切圈。

❷锅中注入清水大火
烧开。

❸倒入鱿鱼圈，汆煮
片刻。

❹将鱿鱼捞出放入凉
水晾凉，捞出沥干。

❺热锅注油烧热，倒
入豆瓣酱、姜末、蒜
末，翻炒爆香。

❻倒入鱿鱼圈，淋入
料酒，翻炒去腥。

❼倒入洋葱、清水。

❽倒入青椒、红椒、
鸡粉，将炒好的鱿鱼
圈盛出装入盘中。

蚝油酱爆鱿鱼

| 烹饪时间：4分钟 | 适宜人群：一般人群

原料

鱿鱼300克，西蓝花150克，甜椒20克，圆椒10克，葱段5克，姜末10克，蒜末10克，西红柿30克，干辣椒5克

调料

盐2克，白糖3克，蚝油5克，水淀粉4毫升，胡椒、芝麻油、食用油各适量

制作指导

处理鱿鱼的时候一定要将里面翻出清洗，以免影响口感。

做法

① 处理干净的鱿鱼上切上网格花刀，切成块，备用。

② 锅中注水烧开，倒入鱿鱼，余煮至成鱿鱼卷，捞出。

③ 热锅注油烧热，倒入干辣椒、姜末、蒜末、葱段，爆香。

④ 倒入甜椒、圆椒、西蓝花、水，煮一会儿，倒入鱿鱼。

⑤ 加盐、白糖、蚝油、西红柿、水淀粉、黑胡椒、芝麻油，搅匀即可。

虾

别名	虾米、开洋、长须公、虎头公。
性味	性温，味甘、咸。
归经	归脾、肾经。

✔ 适宜人群

肾虚阳痿、腰脚虚弱无力、小儿麻疹、水痘、中老年人缺钙所致的小腿抽筋等病症者及孕妇。

✘ 不宜人群

高脂血症、心血管疾病、皮肤疥癣、急性炎症和面部痤疮及过敏性鼻炎、支气管哮喘等病症者及老人。

营养功效

◎ 虾肉富含钙、磷，能强健骨质，预防骨质疏松。
◎ 虾肉含有硒，可以有效预防癌症。
◎ 虾肉含甲壳素，可抑制人体组织不正常增生。

TIPS

① 虾在长期的进食过程中，金属成分易积累在头部，所以尽量不要吃虾头。
② 煮虾时滴加少许醋，可让虾壳更鲜红亮丽，且壳肉容易分离。

食材清洗

①用剪刀剪去虾须、虾脚、虾尾尖。

②在虾背部开一刀，用牙签挑虾线。

③把虾放在流水下冲洗，沥干水分即可。

食材加工

①用手掐掉虾头，然后剥去虾壳。

②将虾的尾巴掐掉。

③将虾背切开，在开水中汆烫，直到成球状即可。

白果桂圆炒虾仁

| 烹饪时间：2分钟 | 适宜人群：一般人群

🌶 原料

白果150克，桂圆肉40克，彩椒60克，虾仁200克，姜片、葱段各少许

🍲 调料

盐4克，鸡粉4克，胡椒粉1克，料酒8毫升，水淀粉10毫升，食用油适量

🍴 做法

❶洗净的彩椒切丁，洗好的虾仁由背部切开，去除虾线。

❷加入盐、鸡粉、胡椒粉、水淀粉、食用油，拌匀。

❸加入盐、食用油、白果、桂圆肉，拌匀，彩椒，煮断生。

❹虾仁倒入沸水锅中，焯水，热锅注油，放虾仁，滑油。

❺锅底留油，放入姜片、葱段、白果、桂圆、彩椒，炒匀。

❻倒入虾仁、料酒、鸡粉、盐、水淀粉，炒熟，盛出即可。

制作指导

虾仁肉质细腻松软，滑油时油温不能太高，以免破坏其口感。

❶用牙签将虾仁的虾线挑去，洗净的猪腰切去筋膜，切片。

❷在牛肉和虾仁中分别加入盐、鸡粉、料酒、水淀粉，拌匀。

❸锅中注水烧开，倒入猪腰，汆至转色，捞出。

❹放入姜片、蒜末、葱段、虾仁、猪腰、料酒，炒匀。

❺加入盐、鸡粉、清水、水淀粉、枸杞炒匀，盛出即可。

软熘虾仁腰花

| 烹饪时间：2分钟 | 适宜人群：儿童

原料

虾仁80克，猪腰140克，枸杞3克，姜片、蒜末、葱段各少许

调料

盐3克，鸡粉4克，料酒、水淀粉、食用油各适量

制作指导

将猪腰剥去薄膜，对半切开，再切去筋，用清水漂洗一次，可以更好地去除腥味。

炒虾肝

┃ 烹饪时间：2分钟 ┃ 适宜人群：女性

🌶 原料

虾仁50克，猪肝100克，苦瓜80克，彩椒120克，姜片、蒜末、葱段各少许

🍲 调料

盐4克，鸡粉3克，水淀粉6毫升，料酒7毫升，白酒少许，食用油适量

🍴 做法

❶ 彩椒切小块，苦瓜切小块，虾仁去除虾线，猪肝切片。

❷ 放入虾仁、盐、鸡粉、水淀粉、白酒、拌匀，腌渍10分钟。

❸ 锅中放水，放入盐、苦瓜、食用油，搅匀，煮1分钟。

❹ 放入彩椒块，再煮半分钟，捞出。

❺ 将处理好的虾仁、猪肝倒入沸水锅中，汆至变色。

❻ 把汆煮好的虾仁和猪肝捞出。

❼ 放入姜片、蒜末、葱段、虾仁、猪肝、料酒，炒片刻。

❽ 放入苦瓜、彩椒、鸡粉、盐、水淀粉，盛出炒好的食材即可。

苦瓜黑椒炒虾球

烹饪时间：2分钟 ｜ 适宜人群：男性

🌶️ 原料

苦瓜200克，虾仁100克，泡小米椒、黑胡椒粉、姜片、蒜末、葱段各少许

🍲 调料

盐3克，鸡粉2克，食粉少许，料酒5毫升，生抽6毫升，水淀粉、食用油各适量

🍴 做法

❶将洗净的苦瓜去籽，用斜刀切片，洗好的虾仁去除虾线。

❷加入盐、鸡粉、水淀粉、食用油，拌匀，腌渍约10分钟。

❸锅中注入清水烧开，加入食粉、苦瓜片，拌匀。

❹焯煮约半分钟，捞出材料，沥干水分。

❺倒入虾仁，拌匀。

❻余煮至虾身弯曲、呈淡红色，捞出，沥干水分。

❼放黑胡椒粉、姜片、蒜末、葱段、泡小米椒、虾仁。

❽加料酒、苦瓜片、鸡粉、盐、生抽、水淀粉，炒熟即可。

猕猴桃炒虾球

| 烹饪时间：2分钟 | 适宜人群：儿童

🌶 原料

猕猴桃60克，鸡蛋1个，胡萝卜70克，虾仁75克

🍲 调料

盐4克，水淀粉、食用油各适量

制作指导

炸虾仁时，要控制好时间和火候，以免炸得过老，影响成品口感。

🍴 做法

❶ 猕猴桃、胡萝卜切好；虾仁去除虾线，加盐、水淀粉拌匀。

❷ 将鸡蛋打入碗中，放入盐、水淀粉，拌至均匀。

❸ 放入盐，倒入胡萝卜，煮1分钟至断生，捞出。

❹ 热锅注油，放虾仁炸熟，捞出；锅底留油，倒入蛋液炒熟。

❺ 倒入胡萝卜、虾仁、鸡蛋、盐、猕猴桃、水淀粉，炒熟即可。

蛤蜊

别名	文蛤、蚶仔、西施舌、花蛤、沙蛤。
性味	性寒、味咸。
归经	归胃经。

✔ 适宜人群

体质虚弱、营养不良、肺结核咳嗽咯血、高脂血症、冠心病、动脉硬化、瘿瘤瘰疬、淋巴结肿大者。

✘ 不宜人群

受凉感冒、体质阳虚、脾胃虚寒、腹泻便溏、寒性胃痛腹痛等病症患者及经期中的女性和产妇。

营养功效

◎蛤蜊的钙质含量高，是不错的钙质来源，儿童经常食用有利于骨骼发育。

◎蛤蜊肉中的维生素B$_{12}$含量也很高，这种成分关系到血液代谢，对贫血的抑制有一定作用。

◎蛤蜊里的牛磺酸，可以帮助胆汁合成，有助于胆固醇代谢，还能维持神经细胞膜的电位平衡，能抗痉挛、抑制焦虑。

TIPS

①蛤蜊本身极富鲜味，烹制时千万不要再加味精，也不宜多放盐，以免鲜味反失。

②蛤蜊非常鲜，烧汤、清炒，或者配丝瓜、小白菜炒都很美味。也可洗干净后直接用开水氽至开口，蘸生抽吃。

 食材清洗

①把蛤蜊放进大碗中，注入清水，没过蛤蜊即可。

②用手抓洗一会儿，蛤蜊会吐出不少泥沙。

③小心地将蛤蜊拣出来。

④将刀插入两片壳的缝隙中切开。

⑤将蛤蜊壳撑开，露出蛤蜊肉。

⑥处理好的蛤蜊装入碗中待用。

老黄瓜炒蛤蜊

| 烹饪时间：2分钟 | 适宜人群：男性

原料

老黄瓜190克，蛤蜊（花蛤）230克，青椒、红椒、姜片、蒜末、葱段各适量

调料

豆瓣酱5克，盐、鸡粉各2克，料酒4毫升，生抽6毫升，水淀粉、食用油各适量

做法

❶老黄瓜去除瓜瓤，切片，青椒、红椒切小块。

❷锅中清水烧开，倒入洗净的花蛤，煮一会儿，捞出。

❸放入清水中，清洗干净，沥干后待用。

❹放入姜片、蒜末、葱段、黄瓜片、青椒、红椒，炒匀。

❺放入花蛤、豆瓣酱、鸡粉、盐，翻炒均匀。

❻加入料酒、生抽、水淀粉炒匀，盛出即可。

制作指导

处理花蛤前，可将其放入淡盐水中，以使它吐尽脏物。

泰式肉末炒蛤蜊

烹饪时间：3分钟 ｜ 适宜人群：一般人群

🌶 原料

蛤蜊500克，肉末100克，姜末、葱花各少许

🍲 调料

泰式甜辣酱5克，豆瓣酱5克，料酒5毫升，水淀粉5毫升，食用油适量

🍴 做法

① 锅中注入适量清水，用大火烧开，倒入处理好的蛤蜊。

② 略煮一会儿，捞出余煮好的蛤蜊，沥干水分，待用。

③ 热锅注油，倒入肉末，翻炒至变色。

④ 倒入姜末、葱花，放入适量豆瓣酱、泰式甜辣酱。

⑤ 再倒入蛤蜊，淋入少许料酒，快速翻炒均匀。

⑥ 倒入少许水淀粉，翻炒匀。

⑦ 放入余下的葱花，炒出香味。

⑧ 关火后将炒好的菜肴盛入盘中即可。

PART 5
特色
小炒

　　本章我们将为您介绍的特色小炒就包括炒饭、炒面和炒粉。这些特色小炒取材方便，可以是上一顿剩下的米饭，也可以是水煮的面条和粉，只要随意搭配几种肉类、蔬菜、水产等食材，既当菜又当饭，美味又健康。另外，根据调味料的不同，还可以做成不同口味，如巴西口味、印尼口味、日式口味、台湾口味、新疆口味等，让您足不出户，就能吃遍各地美味。

炒饭

豆豉鸡肉炒饭

烹饪时间：2分钟 | **适宜人群：女性**

原料

冷米饭270克，鸡肉末120克，胡萝卜75克，豆豉40克，鲜香菇25克，姜末、葱花各少许

调料

盐少许，鸡粉2克，食用油适量

做法

①将洗净的香菇切片，再切丁。

②去皮洗好的胡萝卜切片，改切条形，再切丁。

③用油起锅，倒入香菇丁，炒香，放入胡萝卜丁，炒匀。

④倒入鸡肉末，翻炒一会儿，至其转色，撒上姜末。

⑤放入备好的豆豉，炒出香味，倒入冷米饭，炒散。

⑥加入盐、鸡粉、葱花，盛出炒饭，装在小碗中即可。

海鲜咖喱炒饭

▌烹饪时间：3分钟 ▌适宜人群：男性

原料

冷米饭、虾仁、咖喱膏、蛋液、胡萝卜、圆椒、洋葱、鸡肉丁各适量

调料

盐、鸡粉各少许，食用油适量

做法

❶将去皮胡萝卜、洋葱切丁，洗净的圆椒切块。

❷用油起锅，倒入蛋液，炒至五六成熟，盛出。

❸锅底留油烧热，倒入鸡肉丁，翻炒至其转色。

❹放入洗净的虾仁，炒至虾身弯曲，盛出，装在小碟中。

❺另起锅，注入食用油烧热，倒入咖喱膏，拌至其溶化。

❻倒入洋葱丁、胡萝卜丁，放入圆椒块，炒匀炒香。

❼倒入虾仁和鸡丁，炒匀，放入冷米饭，炒散。

❽加入鸡蛋、盐、鸡粉，盛出，装在盘中，摆好盘即可。

✖️ 做法

❶ 洗净的洋葱切丁，洗好的黄瓜切丁，洗净的胡萝卜切丁。

❷ 取碗，倒入冷米饭，将鸡蛋黄打散，倒入米饭中，拌匀。

❸ 用油起锅，倒入胡萝卜、黄瓜，炒约1分钟至熟。

❹ 用油起锅，放入洋葱、米饭炒熟，加入盐、鸡粉，炒匀。

❺ 放入黄瓜、胡萝卜，炒至入味，装入盘中即可。

黄金炒饭

▌烹饪时间：5分钟　▌适宜人群：儿童

🌶️ 原料

冷米饭350克，蛋黄10克，黄瓜30克，去皮胡萝卜70克，洋葱80克

🍲 调料

盐2克，鸡粉3克，食用油适量

制作指导

米饭最好用隔夜的饭，过了一夜的米饭水分流失了一部分，正好适合炒饭。

咸鱼鸡丁蛋炒饭

烹饪时间：8分钟 | **适宜人群：一般人群**

🌶️ 原料

熟米饭、鸡胸肉、咸鱼、熟青豆、鸡蛋液、葱花各适量。

🍲 调料

鸡粉1克，生抽5毫升，食用油适量

🍴 做法

❶ 洗净的鸡胸肉切丁，咸鱼切丁。

❷ 热锅注油，倒入鸡蛋液，炒散至七八成熟，盛出，装碗。

❸ 锅中续油，倒入咸鱼，煎约2分钟至微黄，盛出，装盘。

❹ 锅中再次注油，倒入鸡胸肉，炒约1分钟至转色。

❺ 倒入熟青豆、咸鱼、熟米饭，炒约2分钟至熟软。

❻ 加入鸡蛋、鸡粉、生抽、葱花，炒匀，盛出炒饭。

制作指导

鸡肉丁用调料稍腌一会儿，炒出来会更加香。

胡萝卜豌豆炒饭

┃烹饪时间：3分钟 ┃适宜人群：儿童

🌶 原料
冷米饭150克，豌豆30克，胡萝卜丁15克，鸡蛋1个，葱花少许

🍲 调料
生抽3毫升，盐、鸡粉各2克，芝麻油、食用油各适量

🍴 做法

❶将鸡蛋打入碗中，调匀，制成蛋液。

❷锅中注入清水烧开，倒入食用油。

❸放入豌豆、胡萝卜丁，煮约1分钟，捞出，沥干水分。

❹用油起锅，倒入蛋液，炒匀呈蛋花状。

❺倒入米饭，炒至其松散。

❻放入焯过水的食材，炒至食材熟透。

❼淋入生抽，炒匀，加入盐、鸡粉，炒匀调味。

❽撒上葱花，淋入芝麻油，炒匀，盛出炒好的米饭即可。

老干妈炒饭

▌烹饪时间：3分钟 ▌适宜人群：一般人群

🌶 原料

米饭220克，玉米粒60克，鸡蛋液65克，葱花少许

🍲 调料

老干妈辣椒酱35克，盐2克，鸡粉2克，十三香、橄榄油各适量

制作指导

炒饭时要不停翻炒，以免煳锅。

🍴 做法

❶锅中注水烧开，倒入玉米粒，汆煮至断生，捞出，沥干水分。

❷取碗，倒入米饭，淋上蛋液，撒上十三香，拌匀。

❸热锅注入橄榄油烧热，放老干妈辣椒酱、米饭，炒匀。

❹倒入熟玉米，翻炒均匀。

❺加入盐、鸡粉、葱花，翻炒出葱香，将炒好的饭盛出装入盘中即可。

巴西炒饭

▌烹饪时间：4分钟 ▌适宜人群：一般人群

🌶 原料

米饭230克，西蓝花120克，洋葱50克，
腊肠100克，蛋液65克，蒜末少许

🍲 调料

盐2克，鸡粉2克，食用油适量

🍴 做法

❶处理好的洋葱切粗条，腊肠切片，洗净的西蓝花切小朵。

❷热锅注油烧热，倒入蛋液，摊制成蛋皮，装入盘中。

❸锅底留油烧热，倒入蒜末，爆香。

❹倒入洋葱、西蓝花、腊肠、洋葱，翻炒匀。

❺倒入米饭，翻炒至松散。

❻加入清水、盐、鸡粉、米饭，盛出，蛋皮切丝，放炒饭上。

制作指导

煎蛋皮的时候火候一定要注意，以免煎焦了。

木耳鸡蛋炒饭

▌烹饪时间：3分钟 ▌适宜人群：一般人群

🌶 原料

米饭200克，水发木耳120克，火腿75克，鸡蛋液45克，葱花少许

🍲 调料

盐2克，鸡粉2克，食用油适量

🍴 做法

❶将洗好的木耳切碎，火腿切丁。

❷热锅注油烧热，倒入备好的鸡蛋液。

❸炒制松散，盛出装入盘中待用。

❹锅底留油烧热，倒入木耳，翻炒均匀。

❺倒入火腿肠，炒匀，倒入米饭，翻炒至松散。

❻倒入炒好的鸡蛋，快速翻炒片刻。

❼加入少许盐、鸡粉，翻炒调味。

❽撒上葱花，翻炒出葱香味，将炒好的饭盛出装入盘中即可。

⚒ 做法

① 胡萝卜切丁，洗好的菠菜切小段，洗净的猪肝切片。

② 碗中猪肝加入盐、料酒、水淀粉，拌匀，腌渍10分钟。

③ 沸水锅中倒入菠菜，断生捞出；倒入猪肝，余血，捞出。

④ 热锅注油，倒入胡萝卜丁、猪肝、熟米饭，炒至熟软。

⑤ 加入盐、鸡粉、菠菜，炒匀，盛出炒饭，装碗即可。

菠菜猪肝炒饭

▌烹饪时间：4分钟　▌适宜人群：一般人群

🌶 原料

猪肝90克，菠菜60克，去皮胡萝卜95克，熟米饭200克

🍲 调料

盐、鸡粉各2克，料酒、水淀粉各5毫升，食用油适量

制作指导

猪肝汆过水后已断生，也可最后和菠菜一同放入快速翻炒，避免炒制过久而口感变老。

印尼炒饭

■ 烹饪时间：4分钟　■ 适宜人群：一般人群

🌶 原料

凉米饭200克，沙茶酱20克，包菜100克，胡萝卜120克，牛肉90克，虾米适量

🍲 调料

盐2克，鸡粉3克，生抽5毫升，食用油适量

🍴 做法

❶将包菜切丝，去皮洗好的胡萝卜切丝，洗净的牛肉切丝。

❷用油起锅，放入牛肉丝，略炒。

❸倒入洗净的虾米，放入胡萝卜丝，炒匀炒香。

❹加入沙茶酱，炒匀，倒入米饭，炒松散，放生抽，炒匀。

❺倒入包菜丝，翻炒至均匀。

❻放盐、鸡粉，炒匀，盛出，装入碗中即可。

制作指导

牛肉纤维较粗，应垂直肉纤维来切，这样可以将肉纤维切短，牛肉炒制好后更容易咀嚼食用。

炒面

葱油肉片炒面

| 烹饪时间：30分钟 | 适宜人群：一般人群

🌶 原料

瘦肉60克，生面条150克，香葱50克

🍲 调料

盐、鸡粉各2克，白胡椒粉3克，生抽、料酒、水淀粉各5毫升，食用油适量

🍴 做法

❶香葱的葱白切小段，葱叶切葱花，洗好的瘦肉切片。

❷加入盐、料酒、白胡椒粉、水淀粉、油，拌匀。

❸将生面条放在筷子架上，蒸锅注水烧开蒸20分钟至熟。

❹热锅注油，倒入葱段，炸约两分钟至葱段焦黄，留下葱油。

❺锅中倒入肉片，炒至转色。

❻加生抽、清水、面条、盐、鸡粉、白胡椒粉、葱花，炒匀。

豆角炒面

烹饪时间：4分钟 **适宜人群：一般人群**

原料

熟宽面250克，豆角40克，火腿肠15克，葱段少许

调料

生抽4毫升，盐2克，鸡粉2克，食用油适量

制作指导

煮好的面条可以放入凉水中浸泡，面条会更显劲道。

做法

① 择洗好的豆角切粗丝，待用；火腿肠去除包装，切成片，再切丝。

② 热锅注油烧热，倒入豆角，翻炒匀。

③ 倒入备好的火腿肠、熟宽面，快速翻炒匀。

④ 加入少许生抽、盐、鸡粉、葱段。

⑤ 炒片刻，使食材入味，将炒好的面盛出装入盘中即可。

黄瓜胡萝卜素炒面

烹饪时间：4分钟 | **适宜人群：一般人群**

🌶 原料

胡萝卜70克，黄瓜80克，绿豆芽55克，熟圆面210克

🍲 调料

生抽5毫升，盐2克，鸡粉2克，芝麻油4毫升，食用油适量

🍴 做法

①洗净去皮的胡萝卜切片，再切成丝。

②洗净的黄瓜切片，再切丝。

③热锅注油烧热，倒入胡萝卜丝、豆芽。

④再倒入黄瓜丝、圆面，快速翻炒匀。

⑤加入少许生抽、盐、鸡粉、胡椒粉。

⑥淋入芝麻油，翻炒调味，将炒好的面盛出装入盘中即可。

制作指导

胡萝卜味道较重，不喜欢的人可以将胡萝卜先汆一遍水。

海鲜炒面

烹饪时间：3分钟 | 适宜人群：一般人群

原料

虾仁150克，鱿鱼190克，熟圆面100克，包菜100克，葱花少许

调料

生抽5毫升，蚝油7克，盐2克，鸡粉2克，白胡椒粉5克，芝麻油5毫升，食用油适量

做法

❶ 包菜切丝；鱿鱼切块；虾仁切开背，剔去虾线。

❷ 锅中注入清水大火烧开，倒入鱿鱼、虾仁，余煮片刻。

❸ 将食材捞出，沥干水分。

❹ 热锅注油烧热，倒入包菜、鱿鱼、虾仁，炒匀。

❺ 倒入熟圆面、生抽、蚝油、盐、鸡粉，炒匀。

❻ 加入胡椒粉，翻炒片刻至入味。

❼ 倒入葱花，翻炒出葱香。

❽ 淋入许芝麻油，炒匀，将炒好的饭盛出装入盘中即可。

✂ 做法

❶ 洗净的西红柿切开，切成小块。

❷ 热锅注油烧热，倒入鸡蛋液，炒松散后，将鸡蛋盛出。

❸ 锅底留油烧热，倒入葱段，翻炒爆香。

❹ 倒入备好的西红柿，翻炒片刻，挤入适量的番茄酱，翻炒均匀。

❺ 倒入熟粗面条、鸡蛋、盐、鸡粉，盛出装入碗中即可。

西红柿鸡蛋炒面

▌烹饪时间：3分钟 **▌适宜人群：一般人群**

🥄 原料
西红柿120克，鸡蛋液80克，熟粗面条280克，葱段少许

🍲 调料
番茄酱10克，盐2克，鸡粉2克，食用油适量

制作指导
倒入面条后一定要快炒，以免煳锅。

秘制炒面

烹饪时间：3分钟 | 适宜人群：一般人群

原料

生菜100克，洋葱40克，熟宽面200克

调料

香菇酱30克，盐2克，鸡粉2克，陈醋4毫升，生抽5毫升，食用油适量

做法

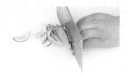

❶处理好的洋葱切成粗丝。

❷择洗好的生菜切成丝，待用。

❸热锅注油烧热，倒入洋葱，翻炒香。

❹倒入适量的香菇酱，翻炒均匀。

❺放入备好的熟宽面、生菜，炒匀。

❻加入生抽、盐、鸡粉、陈醋，盛出装入盘中即可。

制作指导

煮好的面可以过一道凉开水，口感会更加好。

虾干炒面

| 烹饪时间： 4分钟 | 适宜人群：一般人群

🌶️ 原料

乌冬面200克，辣椒40克，蒜薹45克，洋葱50克，虾干35克，鲍鱼汁45克

🍲 调料

盐、鸡粉各1克，生抽5毫升，食用油适量

🍴 做法

❶蒜薹切丁；洗好的洋葱切条；洗净的辣椒去籽，切丝。

❷沸水锅中倒入乌冬面，拌匀。

❸将余煮3分钟至熟，捞出，沥干水分。

❹热锅注入油，倒入虾干。

❺放入洋葱，爆香。

❻倒入蒜薹。

❼放入乌冬面。

❽加入鲍鱼汁、盐、鸡粉、生抽、辣椒，装盘即可。

日式咖喱炒面

| 烹饪时间：2分钟 | 适宜人群：一般人群

🌶 原料

熟粗面、包菜、洋葱、西红柿、虾仁、咖喱膏、蒜片各少许

🍲 调料

盐2克，鸡粉2克，食用油适量

🍴 做法

❶洋葱、西红柿切片；包菜切粗丝；虾仁切开，剔去虾线。

❷用油起锅，倒入洋葱、虾仁，炒香。

❸倒入包菜，快速翻炒匀。

❹放入西红柿，将炒好的食材盛出，装入盘中。

❺热锅注油烧热，倒入蒜片、咖喱膏，翻炒至溶化。

❻倒入熟粗面，快速翻炒均匀。

❼倒入炒制过的食材，翻炒片刻。

❽加入盐、鸡粉，炒匀，将炒好的面盛出装入盘中即可。

炒粉

咖喱炒米粉

▌烹饪时间：5分钟 ▌适宜人群：一般人群

🌶 原料

米粉400克，虾仁50克，洋葱丝30克，火腿丝30克，绿豆芽40克，红彩椒丝30克，青椒丝20克，咖喱粉适量

🍲 调料

盐、白糖各1克，食用油适量

🍴 做法

❶锅中注水烧开，倒入米粉，煮熟，放凉水中过一遍，捞出。

❷往锅中放入洗净的虾仁，氽煮至转色后捞出，装碗。

❸热锅注油，倒入洋葱丝，放入咖喱粉，炒匀。

❹倒入火腿丝、红彩椒丝、圆椒丝。

❺加入洗净的豆芽。

❻放入虾仁、米粉、盐、白糖、清水，盛出炒好的米粉。

台湾炒米粉

| 烹饪时间：6分钟 | 适宜人群：一般人群

🌶 原料

泡发米粉、鸡蛋、水发香菇、里脊肉丝、韭菜、胡萝卜丝各适量

🍲 调料

盐1克，生粉2克，生抽、料酒各5毫升，老抽1毫升，食用油适量

🍴 做法

①洗净的香菇切去柄，切丝。

②备碗，打入鸡蛋，搅散制成蛋液。

③热锅中倒入蛋液，煎约1分钟至两面微黄，取出，切丝。

④加入生抽、料酒、生粉，热锅注油，倒入肉丝，炒至变色。

⑤另起锅注油，倒入香菇，煎炒出香味。

⑥倒入胡萝卜。

⑦放入米粉，炒约2分钟至食材熟透。

⑧加入清水、老抽、盐、韭菜、蛋丝、肉丝，盛出米粉。

① 牛肉切块，加食粉、生抽、料酒、生粉、食用油，拌匀。

② 锅中注入清水烧开，倒入洗净的米粉，搅匀。

③ 煮至其断生后捞出，沥干水分。

④ 用油起锅，倒入肉块、姜丝、芹菜段、干辣椒，炒匀。

⑤ 加入豆瓣酱、甜面酱、米粉、鸡粉、盐、葱段，炒匀。

新疆炒米粉

▌烹饪时间：2分钟　▌适宜人群：一般人群

🌶 原料

水发米粉270克，牛肉60克，干辣椒、芹菜段、葱段各适量，姜丝少许

🍲 调料

豆瓣酱、甜面酱、盐、鸡粉、生抽、料酒、生粉、食用油各适量

制作指导

腌渍牛肉时食粉不宜太多，以免造成影响肉质的口感。

腊肉炒粉条

烹饪时间：2分钟 | 适宜人群：一般人群

原料

水发红薯粉条300克，腊肉150克，包菜40克，花椒、干辣椒各少许

调料

盐、鸡粉各2克，老抽2毫升，生抽3毫升，辣椒油、食用油各适量

做法

①将洗净的包菜切成粗丝，洗好的腊肉切成薄片。

②锅中注入清水烧开，放肉片，拌匀。

③氽去多余的盐分，捞出，沥干水分。

④用油起锅，撒上备好的干辣椒、花椒，爆香。

⑤倒入氽过水的肉片，炒出香味，放入洗净的粉条。

⑥加入生抽、老抽、盐、鸡粉、包菜丝、辣椒油，炒匀即可。

制作指导

粉条的泡发时间应长一些，这样更加易入味。

牛肉粒炒河粉

| 烹饪时间：6分钟 | 适宜人群：一般人群

🌶 原料

河粉、牛肉、韭菜、豆芽、小白菜、洋葱、白芝麻、蒜片、彩椒各适量

🍲 调料

盐2克，鸡粉3克，生抽10毫升、料酒、老抽各5毫升，食粉、食用油、水淀粉各适量

🍴 做法

① 小白菜、韭菜切段，洋葱、牛肉、彩椒切丁。

② 牛肉放入生抽、料酒、食粉、水淀粉、食用油，拌匀腌渍。

③ 热锅注油，烧至四成热，倒入牛肉。

④ 油炸约30秒至牛肉熟软，捞出，沥干油装入盘中。

⑤ 用油起锅，倒入蒜片、洋葱，爆香。

⑥ 放入豆芽，炒匀。

⑦ 倒入河粉，拌匀，加盐、鸡粉、生抽、老抽。

⑧ 倒入小白菜、彩椒、韭菜、牛肉炒匀，盛出撒上白芝麻即可。

❶白菜切细丝，洗好的彩椒切粗丝，洗净去皮的胡萝卜切丝。

❷加入盐、食用油、胡萝卜丝、白菜丝，拌匀，捞出。

❸用油起锅，倒入蒜末，爆香，放入彩椒丝，炒匀。

❹倒入焯过水的食材，放入河粉，炒干水汽。

❺加入生抽、盐、鸡粉、老抽、葱花炒匀，盛出炒好的食材即可。

什锦蔬菜炒河粉

烹饪时间：2分钟 ┃ 适宜人群：一般人群

原料

河粉200克，白菜80克，胡萝卜45克，彩椒30克，蒜末、葱花各少许

调料

盐、鸡粉各2克，老抽2毫升，生抽5毫升，食用油适量

制作指导

油可稍微多放点，要待油烧热后再放河粉，这样才不会粘锅。

①洗净的红椒切丝；洗好的粉皮切小块。

②用油起锅，倒入肉末，炒至转色，放入红椒丝、粉皮，翻炒至均匀。

③加入生抽、老抽、盐、鸡粉，翻炒约2分钟至熟。

④倒入葱段，炒匀。

⑤盛出炒好的粉皮，装入盘中即可。

肉末炒粉皮

▌烹饪时间：5分钟　　▌适宜人群：一般人群

🌶 原料

粉皮180克，红椒60克，肉末80克，葱段少许

🍲 调料

盐、鸡粉各2克，生抽、老抽各5毫升，食用油适量

制作指导

粉皮炒的时间不要太长，炒到透明即可，否则糊了。

青蒜豆芽炒粉丝

▌烹饪时间：4分钟 ▌适宜人群：一般人群

🌶 **原料**

水发粉丝100克，黄豆芽65克，蒜苗45克，青花椒10克，姜片、葱段各少许

🍲 **调料**

生抽5毫升，盐2克，鸡粉2克，食用油适量

🍴 **做法**

❶洗净的蒜苗切段。

❷处理好的黄豆芽对半切开。

❸洗净的粉丝切成长段，待用。

❹热锅注油烧热，倒入青花椒、姜片、葱段，爆香。

❺倒入黄豆芽、粉丝，快速翻炒匀。

❻加入生抽，翻炒上色，放入蒜苗炒匀。

❼加入盐、鸡粉，翻炒片刻至入味。

❽关火后将炒好的粉丝盛出装盘即可。

酸菜炒粉丝

| 烹饪时间：4分钟 | 适宜人群：一般人群

🌶 原料

胡萝卜50克，猪瘦肉70克，酸菜45克，水发粉丝140克，葱段少许

🍲 调料

盐2克，胡椒粉、鸡粉各1克，料酒、水淀粉各5毫升，生抽10毫升，老抽3毫升，食用油适量

🍴 做法

❶将洗净去皮的胡萝卜切丝；洗好的酸菜切丝；粉丝切段。

❷洗净的猪瘦肉切丝，装碗，加盐、胡椒粉、料酒。

❸加生抽、水淀粉、食用油，腌渍入味。

❹用油起锅，倒入肉丝，炒至转色，加入酸菜丝。

❺放入胡萝卜丝，加入粉丝，炒匀。

❻放入生抽、盐、鸡粉炒均匀。

❼加入老抽炒入味，放入葱段，炒匀。

❽将炒好的粉丝盛出装盘即可。

缤纷彩丝炒米粉

| 烹饪时间：7分钟 | 适宜人群：一般人群

原料
水发米粉180克，菠菜60克，去皮胡萝卜80克，瘦肉70克，蛋液65克，蒜末少许

调料
盐、鸡粉各2克，老抽、料酒各5毫升，生抽10毫升，水淀粉、食用油各适量

制作指导
瘦肉事先腌渍片刻，这样炒出来的口感更好。

做法

❶洗净的胡萝卜切丝；洗好的菠菜切段；洗净的瘦肉切丝。

❷瘦肉丝加盐、料酒、生抽、水淀粉，腌渍10分钟。

❸热锅注油，倒入蛋液，摊成蛋皮，盛出切丝。

❹油炒肉丝，放入蒜末爆香，倒入胡萝卜丝、米粉炒匀。

❺加入生抽、老抽、菠菜段炒熟，加盐、鸡粉炒入味，盛出，放上鸡蛋丝即可。

✖ 做法

❶摘洗好的香菜切成段，待用。

❷热锅注油烧热，倒入干辣椒、花椒、蒜片，炒香。

❸加入粉丝，淋入生抽、清水，加盐、鸡粉炒入味。

❹倒入香菜段，翻炒出香味。

❺淋上陈醋翻炒匀，盛入盘中即可。

酸辣炒粉丝

▌烹饪时间：3分30秒　▌适宜人群：一般人群

🌶 原料

水分粉丝100克，香菜30克，干辣椒15克，花椒10克，蒜片少许

🍲 调料

生抽5毫升，盐2克，鸡粉2克，陈醋4毫升，食用油适量

制作指导

炒粉丝的时候可以多加点水，以免成品粘合在一起，影响口感。